# 水泥及粉煤灰的性能与检测

主 编 王廷栋 魏坤肖

中国水利水电出版社
www.waterpub.com.cn
·北京·

## 内 容 提 要

本书是工作手册式教材，引用了最新标准、规范和规程。本书包括认识水泥及粉煤灰、水泥的性能与检测、粉煤灰的性能与检测3个模块。本书以工程检测参数为编写逻辑，采用校企联合编写方式，各检测任务以任务分解、相关知识、检测步骤、检测过程注意事项、检测数据的记录及数据处理、评价等方面进行系统化编排，注重知识的序化过程。书中加入大量图片，直观反映检测仪器、检测过程、易读易懂，更符合初学者的学习逻辑，引导学生"做中学，学中做"。

本书可作为高职院校土木工程类相关专业的教材，也可作为工程检测、工程监理、工程施工等相关岗位培训教材，还可作为建筑工程类技术人员的参考用书。

## 图书在版编目（CIP）数据

水泥及粉煤灰的性能与检测 / 王廷栋，魏坤肖主编.
北京 : 中国水利水电出版社，2025. 5. -- ISBN 978-7
-5226-2819-6
Ⅰ. TV42
中国国家版本馆CIP数据核字第2024D6N262号

| 书　　名 | 水泥及粉煤灰的性能与检测<br>SHUINI JI FENMEIHUI DE XINGNENG YU JIANCE |
|---|---|
| 作　　者 | 主编　王廷栋　魏坤肖 |
| 出版发行 | 中国水利水电出版社<br>（北京市海淀区玉渊潭南路1号D座　100038）<br>网址：www.waterpub.com.cn<br>E-mail：sales@mwr.gov.cn<br>电话：（010）68545888（营销中心） |
| 经　　售 | 北京科水图书销售有限公司<br>电话：（010）68545874、63202643<br>全国各地新华书店和相关出版物销售网点 |
| 排　　版 | 中国水利水电出版社微机排版中心 |
| 印　　刷 | 天津嘉恒印务有限公司 |
| 规　　格 | 185mm×260mm　16开本　11.5印张　280千字 |
| 版　　次 | 2025年5月第1版　2025年5月第1次印刷 |
| 印　　数 | 001—500册 |
| 定　　价 | **49.00元** |

# 前言

本教材依据高职院校办学宗旨和办学理念，深入贯彻落实《国家职业教育改革实施方案》（国发〔2019〕4号）中关于"建设校企'双元'合作开发教材，倡导使用新型活页式、工作手册式教材"的要求，为了适应工程类行业对检测人才的需求，以"教、学、做"模式为手段，以强化学生专业能力和职业能力为核心目标编写而成。

本书编写时深入贯彻落实党的二十大精神，坚持为党育人、为国育才，立足实施科教兴国战略、人才强国战略、创新驱动发展战略需要，以培养新时代创新创业人才为目标，注重培育和提高学生的创新精神、创业意识和创业能力。本书编写中力求体现基础理论以"必需、够用、能用"为原则，加强应用性、实用性和针对性。在内容安排上与工程实际问题相结合，分为职业能力和岗位能力两部分。职业能力以任务描述——学习目标——相关基础知识——职业能力训练为框架；岗位能力以任务描述—学习目标—布置任务—获取信息—任务实施—评价反馈—岗位能力训练为框架，重点突出了基础理论知识的应用和实践能力的培养。评价反馈中分别设置了小组自评、小组成员、小组间、教师评价等实现对学生多元评价。

本教材采用模块式、任务式编写体系，全书共设计了三个模块，每个模块设计了若干个任务，每个任务均设置了任务目标和知识链接，并配有题库和拓展资源；检测任务中重点突出了注意事项，提醒学生的操作和安全。本教材按照从理论到实践，从知识到应用再到提高的思路，比较详细系统地讲解了水泥及粉煤灰检测任务的理论知识和岗位操作。

作为新形态一体化教材，对应教材内容配备了大量视频、微课、动画、PPT等，大大提高了学生学习的有效性。

依据工程检测行业的行业特点，把建筑材料中关于胶凝材料部分的检测内容进行了重组，重点讲述了关于水泥及粉煤灰原材的检测，侧重原材检测任务的完成及原始记录的填写，以期提高学生在水泥及粉煤灰原材检测的岗位能力及分析实际问题的能力。全书由辽宁生态工程职业学院王廷栋、魏坤肖担任主编，辽宁生态工程职业学院孙露、高宏伟、赫文秀，辽宁省凤城市水利局姚利刚，沈阳工学院李雪，辽宁西北供水有限责任公司张晓飞、马铁员担任副主编。具体编写分工为：模块 1 由孙露编写；模块 2 任务 1 由姚利刚编写；模块 2 任务 2 由李雪编写；模块 2 任务 3 由张晓飞编写；模块 2 任务 4 由马铁员编写；模块 2 任务 5～任务 7 由王廷栋编写；模块 2 任务 8～任务 10、模块 3 任务 1、任务 2 由魏坤肖编写；模块 2 任务 11～任务 13 由高宏伟编写；模块 3 任务 3～任务 5 由赫文秀编写。

编者水平有限，编写时间仓促，书中难免存在欠妥之处，敬请各位读者不吝指教。如有宝贵意见和建议，请发至编者邮箱 1143599008@qq.com，以使内容不断完善。

编者

2024 年 9 月

# 目 录

# 职 业 能 力

# 认 识 水 泥 及 粉 煤 灰

## 任务 1.1 认 识 水 泥

【任务描述】

据统计，全球建筑业中，混凝土的使用比例很高，大约占建筑材料的 60%。这一比例在一些国家特别高，例如在我国的建筑业中，混凝土的使用量占到了 70% 以上。水泥作为混凝土的重要组成材料，其质量和性能直接关系到工程的安全和稳定。

【学习目标】

知识目标：

（1）理解硅酸盐水泥含义。

（2）了解硅酸盐水泥的生产过程、混合料。

（3）理解水泥的水化原理。

（4）了解几种特性水泥。

能力目标：

（1）能够识记硅酸盐水泥的生产过程、硅酸盐水泥混合料。

（2）能够描述水泥的水化原理。

素质目标：

培养学生查阅和使用资料的能力。

思政目标：

树立"绿水青山就是金山银山"理念，培养环保意识。

【相关基础知识】

水泥是建筑工程中主要的材料，主要用来配制混凝土、砂浆及其他灌浆材料。水泥属于水硬性胶凝材料，不仅能在空气中凝结硬化，而且能更好地在水中凝结硬化并保持强度增长。

在实际工程应用中，水泥的品种繁多，按其主要水硬性物质不同可以分为：硅酸盐类水泥、铝酸盐类水泥、硫铝酸盐类水泥、铁铝酸盐类水泥、氟铝酸盐类水泥等。按用途和性能可以分为通用水泥、专用水泥和特性水泥。现阶段，在建筑工程领域应用最多的为硅酸盐类水泥。

### 1.1.1 通用硅酸盐水泥

通用硅酸盐水泥是以硅酸盐水泥熟料与适量石膏及符合技术要求的混合材料制成的水硬性胶凝材料。通用硅酸盐水泥根据混合材料的品种和掺量不同，可分为硅酸盐水泥、普通硅酸盐水泥、粉煤灰硅酸盐水泥、矿渣硅酸盐水泥、火山灰质硅酸盐水泥和复合硅酸盐水泥六大类。

#### 1.1.1.1 硅酸盐水泥

凡以硅酸钙为主的硅酸盐水泥熟料，5％以下的石灰石或粒化高炉矿渣，适量石膏磨细制成的水硬性胶凝材料，统称为硅酸盐水泥，国际上统称为波特兰水泥（portland cement）。

硅酸盐水泥分为 42.5、42.5R、52.5、52.5R、62.5、62.5R 六个强度等级（未带 R 为普通型，带 R 为早强型）。

硅酸盐水泥中根据其是否掺有混合材料可分为Ⅰ型硅酸盐水泥和Ⅱ型硅酸盐水泥，Ⅰ型硅酸盐水泥不掺混合材料，其代号为 P·Ⅰ；Ⅱ型硅酸盐水泥掺有不超过5％的石灰石或粒化高炉矿渣的混合材料，其代号为 P·Ⅱ。

#### 1.1.1.2 硅酸盐水泥的生产

生产硅酸盐水泥的主要原材料包括石灰质原材料和黏土质原材料两种。石灰质原材料可采用石灰石、白垩和石灰质凝灰岩，它主要提供氧化钙（CaO）。黏土质原材料有黏土和黄土等，主要提供二氧化硅（$SiO_2$）、氧化铝（$Al_2O_3$）、氧化铁（$Fe_2O_3$）。原料按一定的比例配合，应满足原料中氧化钙含量占 75％～78％，氧化硅、氧化铝及氧化铁含量占 22％～25％。为满足上述各矿物含量要求，原料中常加入富含某种矿物成分的辅助原料（如铁矿石、砂岩等）来校正 $SiO_2$、$Fe_2O_3$ 的不足。此外，为改善水泥的烧成性能或使用性能，有时还可掺加少量的添加剂（如萤石等）。

水泥的生产步骤是：先将几种原材料按一定比例混合磨细制成生料；然后将生料入窑进行高温（温度为 1450℃）煅烧成熟料；在熟料中加入适量石膏（和混合材料）混合磨细即得到成品水泥，此过程简称为"两磨一烧"。在煅烧过程中，原材料分解为 CaO 与 $SiO_2$、$Al_2O_3$、$Fe_2O_3$，在高温下，它们相互化合，生成了新的化合物，称为水泥熟料矿物。除熟料的矿物组成外，其他非硅酸盐水泥也按"两磨一烧"的工序生产。干法生产的水泥工艺流程示意图如图 1.1.1 所示。

#### 1.1.1.3 硅酸盐水泥的混合料

在生产通用硅酸盐水泥时，所加入的人工或天然的矿物材料称为混合材料。水泥混合材料分为活性混合材料和非活性混合材料两大类。

1. 活性混合材料

常温下，加水拌和后能与水泥、石灰或石膏发生化学反应，生成具有一定水硬性胶凝产物的混合材料称为活性混合材料。常用的活性混合材料有：粒化高炉矿渣、火山灰质混合材料和粉煤灰三种。

（1）粒化高炉矿渣。

将炼铁高炉中浮在铁水表面的熔渣，经急速冷却处理得到的松软颗粒称为粒化高炉矿渣，其粒粒径一般为 0.5～5mm。

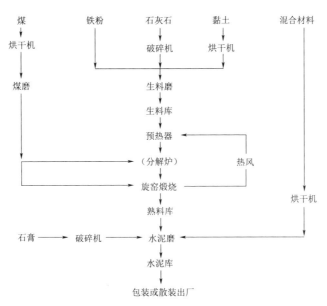

图 1.1.1　干法生产的水泥工艺流程示意图

粒化高炉矿渣的活性取决于其化学成分含量和玻璃体含量，高炉矿渣的主要化学成分为 CaO、MgO、$Al_2O_3$ 和 $SiO_2$ 等，其中活性 $SiO_2$ 和活性 $Al_2O_3$ 含量越高，高炉矿渣的活性越高。高炉矿渣中玻璃体含量越高，其活性也越高。

（2）火山灰质混合材料。

火山喷发时，随熔岩喷发出大量碎屑，沉积在地面和水中，这种松软物质被称为火山灰。由于这种高温喷发物在地面或水中急速冷却，其内部形成了大量玻璃体，使火山灰具有较高的活性。火山灰的主要活性成分是活性 $Al_2O_3$ 和 $SiO_2$，在激发剂的作用下，可以形成水化硅酸钙凝胶，提高水泥的强度。

（3）粉煤灰。

粉煤灰是燃煤电厂所排放的工业废渣，及从烟囱道中收集的粉末，后者又称为飞灰。粉煤灰化学活性的高低取决于活性化学成分 $Al_2O_3$ 和 $SiO_2$ 的含量和玻璃体的含量。

2．非活性混合材料

凡是不具有活性或活性很低的天然或人工矿物质材料称为非活性混合材料，它与水泥的水化产物基本不发生化学反应。在水泥中掺入非活性混合材料的目的是调整水泥强度等级、增加产量、降低水化热。也就是说非活性混合材料仅起填充作用，常用的非活性混合材料有石英砂、石灰石和慢冷矿渣。

## 1.1.2　其他硅酸盐水泥

### 1.1.2.1　普通硅酸盐水泥

由硅酸盐水泥熟料、6%～15%活性混合材料和适量石膏磨细制成的水硬性胶凝材料，称为普通硅酸盐水泥，简称普通水泥。另外，还可以用不超过水泥质量 5% 的窑灰或不超过水泥质量 10% 的非活性混合材料代替活性材料。

普通硅酸盐水泥分 42.5、42.5R、52.5、52.5R 四个强度等级（未带 R 为普通型，带 R 为早强型），代号为 P·O。

#### 1.1.2.2 矿渣硅酸盐水泥

凡是由硅酸盐水泥熟料和粒化高炉矿渣、适量石膏磨细制成的水硬性胶凝材料称为矿渣硅酸盐水泥（简称矿渣水泥），代号为 P·S。允许采用石灰石、粉煤灰、窑灰和火山灰质混合材料中的一种材料代替矿渣，其数量不超过 8%，代替后矿渣硅酸盐水泥中粒化高炉矿渣的含量不少于 20%。

矿渣硅酸盐水泥分为 32.5、32.5R、42.5、42.5R、52.5、52.5R 六个强度等级（未带 R 为普通型，带 R 为早强型），代号分别为 P·S·A、P·S·B。

#### 1.1.2.3 火山灰硅酸盐水泥

凡由硅酸盐水泥熟料和火山灰质混合材料（20%～40%）、适量石膏磨细制成的水硬性胶凝材料称为火山灰质硅酸盐水泥（简称火山灰质水泥）。火山灰质混合材料掺量按质量百分比计为 20%～40%。

火山灰硅酸盐水泥分为 32.5、32.5R、42.5、42.5R、52.5、52.5R 六个强度等级（未带 R 为普通型，带 R 为早强型），代号为 P·P。

#### 1.1.2.4 粉煤灰硅酸盐水泥

凡由硅酸盐水泥熟料和粉煤灰、适量石膏（20%～40%）磨细制成的水硬性胶凝材料称为粉煤灰硅酸盐水泥（简称粉煤灰水泥）。水泥中粉煤灰掺加量按质量百分比计为 20%～40%。

粉煤灰硅酸盐水泥分为 32.5，32.5R，42.5，42.0R，52.5，52.5R 六个强度等级（未带 R 为普通型，带 R 为早强型），代号为 P·F。

#### 1.1.2.5 复合硅酸盐水泥

凡由硅酸盐水泥熟料加入两种或两种以上大于 20% 且小于等于 50% 的混合材料，再加适量石膏磨细制成的水硬性胶凝材料，称为复合硅酸盐水泥。其中，混合材料允许用不超过水泥质量 8% 的窑灰代替，掺矿渣时混合材料掺量不得与矿渣硅酸盐水泥重复。

复合硅酸盐水泥分 42.5、42.5R、52.5、52.5R 六个强度等级（未带 R 为普通型，带 R 为早强型），代号为 P·C。

### 1.1.3 硅酸盐水泥的水化

硅酸盐系列水泥熟料在高温下形成，其矿物主要由硅酸钙组成，还有少量的游离氧化钙（f-CaO）、游离氧化镁（f-MgO）以及杂质，其中 $C_3S$ 和 $C_2S$ 矿物称为硅酸盐矿物，占熟料总质量的 75%～82%；$C_3A$ 和 $C_1AF$ 矿物称为溶剂矿物，一般占总量的 18%～25%。游离氧化钙和游离氧化镁是水泥中的有害成分，含量高会引起水泥安定性不良。硅酸盐水泥熟料的主要矿物组成及其含量范围见表 1.1.1。

表 1.1.1 硅酸盐水泥熟料的主要矿物组成及其含量范围

| 矿物名称 | 氧化物成分 | 缩写 | 含量范围 |
|---|---|---|---|
| 硅酸三钙 | $3CaO \cdot SiO_2$ | $C_3S$ | 36%～60% |
| 硅酸二钙 | $2CaO \cdot SiO_2$ | $C_2S$ | 15%～37% |
| 铝酸三钙 | $3CaO \cdot Al_2O_3$ | CaA | 7%～15% |
| 铁铝酸四钙 | $4CaO \cdot Al_2O_3 \cdot Fe_2O_3$ | $C_4AF$ | 10%～18% |

硅酸盐水泥加水后，其水泥熟料矿物与水作用生成一系列新的化合物，并放出一定的热量，称为水化。生成的新的化合物称为水化产物，主要有水化硅酸钙、水化铁酸钙凝胶体，氢氧化钙、水化铝酸钙和水化硫铝酸钙晶体。

四种熟料矿物单独与水作用表现出的特性各不相同，主要表现在对水泥强度、凝结时硬化速度和水化热的影响上。各种熟料矿物成分的水化特性见表1.1.2。

表 1.1.2　　　　　　　　　各种熟料矿物成分的水化特性

| 性 能 指 标 | | 熟料矿物名称 | | | |
|---|---|---|---|---|---|
| | | 硅酸三钙（C₃S） | 硅酸二钙（C₂S） | 铝酸三钙（C₃A） | 铁铝酸四钙（C₄AF） |
| 水化、凝结硬化速度 | | 快 | 慢 | 最快 | 较快 |
| 28d 水化时放热量 | | 多 | 少 | 最多 | 中 |
| 强　度 | 早期 | 高 | 低 | 低 | 低 |
| | 后期 | 高 | 高 | 低 | 低 |
| 耐化学侵蚀 | | 中 | 良 | 差 | 优 |
| 干缩性 | | 中 | 少 | 大 | 小 |

硅酸三钙水化速度较快，水化热大，其水化产物主要在早期产生，早期强度最高，且能得到不断增长，因此是决定水泥强度等级的最主要矿物。

硅酸二钙水化速度最慢，水化热最小，其水化产物和水化热主要在后期产生，对水泥早期强度贡献很小，但对其后期强度增加至关重要。

铝酸三钙水化速度最快，水化热最集中，如果不掺入石膏，易造成水泥速凝，它的水化产物大多在3d内就产生，但强度并不高，以后也不再增长，甚至出现倒缩，硬化时所表现出的体积收缩也最大，耐硫酸性能差。

铁铝酸四钙水化速度介于铝酸三钙和硅酸三钙之间，强度发展主要在早期，强度偏低，它突出的特点是抗冲击性能和抗硫酸盐性能好。

硅酸盐水泥强度主要取决于上述四种熟料矿物的性质。适当地调整它们的相对含量，可以制得不同品种的水泥。如：当提高 C₃S 和 C₃A 含量时，可以生产快硬硅酸盐水泥；提高 C₃S 和 C₄AF 的含量，降低 C₃S、C₃A 的含量，就可以生产出低热的大坝水泥；提高 C₄AF 含量，则可制得高抗折强度的道路水泥。

### 1.1.4　特种水泥

#### 1.1.4.1　低热矿渣硅酸盐水泥

以适当成分的硅酸盐水泥熟料，加入粒化高炉矿渣或粒化高炉矿渣粉、适量石膏，磨细制成的具有低水化热的水硬性胶凝材料。

《低热矿渣硅酸盐水泥》（GB/T 42531—2023）低热矿渣硅酸盐水泥熟料中铝酸三钙（C₃A）的含量（质量分数）不大于8.0%，游离氧化钙（f-CaO）的含量（质量分数）不大于1.2%，氧化镁（MgO）的含量（质量分数）不大于5.0%；如果水泥经压蒸安定性试验合格，则熟料中氧化镁的含量（质量分数）不大于6.0%。

低热矿渣硅酸盐水泥具有低水化热、高耐久性、后期强度高、抗裂性好、环保性和经济性等特点，广泛应用于大体积混凝土、海水工程和地下工程等领域。它是一种性能优异且环保的特种水泥。低热矿渣硅酸盐水泥强度等级为 32.5。

### 1.1.4.2 抗硫酸盐硅酸盐水泥

《抗硫酸盐硅酸盐水泥》（GB/T 748—2023）规定：硅酸三钙的含量对中抗硫酸盐水泥不得大于 55%，对高抗硫酸盐水泥不得大于 50%；铝酸三钙的含量对中抗硫酸盐水泥不得大于 5%，对高抗硫酸盐水泥不得大于 3%。抗硫酸盐水泥具有抗硫酸盐侵蚀能力强及水化热低的特点，适用于受硫酸盐侵蚀、受冻融和干湿作用的海港工程及水利工程。中抗硫酸盐水泥和高抗硫酸盐水泥强度等级为 42.5。

### 1.1.4.3 中热硅酸盐水泥、低热硅酸盐水泥

国家标准《中热硅酸盐水泥、低热硅酸盐水泥》（GB/T 200—2017）规定：以适当成分的硅酸盐水泥熟料，加入适量石膏磨细制成的具有中等水化热的水硬性胶凝材料，称为中热硅酸盐水泥（简称中热水泥）。中热水泥熟料中的铝酸三钙含量不得超过 6%，硅酸三钙含量不得超过 55%。

以适当成分的硅酸盐水泥熟料，加入适量石膏磨细制成的具有低水化热的水硬性胶凝材料，称为低热硅酸盐水泥（简称低热水泥）。低热水泥中铝酸三钙含量不得超过 6%，硅酸二钙含量不得低于 40%。

两种水泥的比表面积应不低于 $250m^2/kg$；初凝时间不得早于 60min，终凝时间不大于 720min。安定性用沸煮法检验必须合格。

中热水泥及低热水泥主要用于大坝溢流面和水位变动区等部位，要求低水化热和较高耐磨性及抗冻性的工程；低热矿渣水泥主要用于大坝或大体积混凝土建筑物内部及水下等要求低水化热的工程。

### 1.1.4.4 铝酸盐水泥

按照国家标准《铝酸盐水泥》（GB/T 201—2015）规定：凡以铝酸钙为主的铝酸盐水泥熟料磨细制成的水硬性胶凝材料，称为铝酸盐水泥（旧称高铝水泥），代号 CA。

铝酸盐水泥凝结硬化快，早期强度高，水化放热量大，适用于抢建抢修和冬季施工等特殊需要工程，但不能用于大体积混凝土工程。它具有较强的抗硫酸盐侵蚀能力，适用于受硫酸盐侵蚀及海水侵蚀的工程。铝酸盐水泥具有较高的耐热性，可用来配制耐火混凝土等。铝酸盐水泥还是配制不定形耐久材料，配制膨胀水泥、自应力水泥等化学建材的添加料。

### 1.1.4.5 低热微膨胀水泥

按照国家标准《低热微膨胀水泥》（GB/T 2938—2008）规定：以粒化高炉矿渣为主要成分，加入适量硅酸盐水泥熟料和石膏，磨细制成的具有低水化热和微膨胀性能的水硬性胶凝材料，称为低热微膨胀水泥，代号 LHEC。一般水泥在硬化过程中均会产生一定的收缩，收缩造成的裂缝破坏了结构的整体性，使混凝土的抗渗；抗冻、抗侵蚀等性能显著降低。低热微膨胀水泥熟料中掺入适量膨胀组分（如石膏、氧化钙、氧化镁等），使水泥在水化过程中水化热低且产生可控的微膨胀，从而补偿混凝土的收缩，减少收缩裂缝。它广泛应用于大坝、大型基础、修补工程和防水工程等领

域，是一种重要的特种水泥。

【职业能力训练】

1. 判断题

（1）火山灰水泥不仅可以在空气中能硬化，在水中同样也是可以的，具有水化热小、耐腐蚀性以及抗渗性等特性。（　　）

（2）矿渣水泥主要是采用硅酸盐水泥熟料、粒化高炉矿渣等材料制成的，具有耐高温、水化热小等特性，它的易磨性很好。（　　）

2. 简答题

（1）通用硅酸盐水泥有哪些类型？

_____

_____

_____

_____

_____

（2）特性水泥有哪些类型？各有什么应用？

_____

_____

_____

_____

拓展阅读

水泥发展史

# 任务 1.2　认 识 粉 煤 灰

【任务描述】

据统计，全球建筑业中，混凝土的使用比例很高，大约占到建筑材料的 60%。这一比例在一些国家特别高，例如在我国的建筑业中，混凝土的使用量占到了 70% 以上。粉煤灰是商品混凝土中常用的一种掺合料，它对改善商品混凝土的性能和降低成本具有重要的作用。一旦粉煤灰的质量出现问题，就会对混凝土的性能产生不利影响，甚至导致工程安全事故。本次任务认识粉煤灰。

【学习目标】

知识目标：

（1）了解粉煤灰的含义。

（2）了解粉煤灰的生产过程。

（3）了解粉煤灰的成分及其作用。

（4）理解粉煤灰在混凝土中的作用。

能力目标：

（1）能够描述粉煤灰水泥的生产过程。

（2）能够描述粉煤灰在混凝土中的作用。

素质目标：

培养学生查阅和使用资料的能力。

思政目标：

培养学生的环保意识，培养学生的科学探索精神。

**【相关基础知识】**

粉煤灰，是从煤燃烧后的烟气中收捕下来的细灰，粉煤灰是燃煤电厂排出的主要固体废物。我国火电厂粉煤灰的主要氧化物组成为 $SiO_2$、$Al_2O_3$、$FeO$、$Fe_2O_3$、$CaO$、$TiO_2$ 等。随着电力工业的发展，燃煤电厂的粉煤灰排放量逐年增加，成为我国当前排量较大的工业废渣之一。大量的粉煤灰不加处理，就会产生扬尘，污染大气；若排入水系会造成河流淤塞，而其中的有毒化学物质还会对人体和生物造成危害。但粉煤灰可资源化利用，如作为混凝土的掺合料等。

**1.2.1 粉煤灰的生产**

粉煤灰生产工艺流程如下：

（1）煤炭的选择：选择适合生产粉煤灰的煤炭，通常是具有一定灰煤碳含量和可燃性的煤炭。

（2）煤炭的破碎和磨粉：将选取的煤炭进行破碎和磨粉处理，使其达到所需细度。

（3）煤粉的燃烧：将磨粉后的煤粉通过燃烧设备进行燃烧，产生高温烟气和灰渣。

（4）烟气的处理：将产生的高温烟气经过除尘器和脱硫设备等处理，去除其中的灰尘和有害气体。

（5）灰渣的收集：将燃烧后产生的灰渣经过除尘器和除铁设备等进行收集，防止灰尘的排放。

（6）灰渣的粉碎和分级：将收集到的灰渣进行粉碎和分级，将其细度和活性提高到所需标准。

（7）粉煤灰的包装和储存：将经过粉碎和分级处理后的粉煤灰进行包装和储存，以备后续使用。

通过以上的工艺流程，可以将煤炭燃烧后产生的固体废弃物粉煤灰进行有效的处理，并将其转化为具有一定细度和活性的产品。这样不仅能够减少煤炭的资源浪费，还可以避免粉煤灰的排放对环境造成的污染。

**1.2.2 粉煤灰的成分**

粉煤灰主要由氧化硅、氧化铝、氧化铁、氧化钙等成分组成。

（1）氧化硅（$SiO_2$）：粉煤灰中最主要的成分之一，通常占总重量的 50% 以上。它的存在使得粉煤灰具有良好的耐火性和防水性。

（2）氧化铝（$Al_2O_3$）：也是粉煤灰中含量较高的成分之一，通常占总重量的

10%左右。它能够提高混凝土的强度和耐久性。

（3）氧化铁（$Fe_2O_3$）：在粉煤灰中也是比较常见的成分，通常占总重量的5%左右。它能够使混凝土具有良好的颜色和抗紫外线能力。

（4）氧化钙（CaO）：在粉煤灰中含量较低，但仍然重要。它能够促进混凝土早期强度发展，并提高混凝土的耐久性。

（5）硅酸盐：粉煤灰中含有大量的硅酸盐，包括硅酸钙、硅酸铝钙等。这些成分能够提高混凝土的强度和耐久性。

（6）铝酸盐：粉煤灰中也含有一定量的铝酸盐，如铝酸钙、铝酸铁等。它们能够增加混凝土的抗压强度和耐久性。

（7）硫化物：粉煤灰中含有少量的硫化物，如二氧化硫等。这些成分可能会对环境造成污染，因此需要进行适当处理。

总之，粉煤灰是一种复杂的物质，由多种成分组成。这些成分能够提高混凝土的强度和耐久性，但也可能对环境造成污染。因此，在使用粉煤灰时需要进行适当处理和控制。

### 1.2.3 混凝土中添加粉煤灰的主要作用

#### 1.2.3.1 改善混凝土的强度

混凝土中添加粉煤灰可以降低水胶比和增加细孔数量，从而提高混凝土强度和耐久性。研究发现，添加10%的粉煤灰可以提高混凝土强度5%～20%。

#### 1.2.3.2 降低对环境的负面影响

粉煤灰的添加可以减少对环境的负面影响。燃烧煤炭时产生的废气中含有大量的二氧化碳、氮氧化物和硫氧化物等有害物质，而粉煤灰中的这些有害物质可以被吸收和固定，从而减少它们对大气、土壤和地下水的污染。

#### 1.2.3.3 提高混凝土的耐久性

粉煤灰的添加可以改善混凝土的耐久性。粉煤灰中的细小颗粒可以填充混凝土中的微孔和裂缝，从而减少渗透和孔隙度，防止水分进入混凝土内部。同时，粉煤灰中的硅酸盐和铝可以与混凝土中的钙反应，形成更稳定的物质，从而提高混凝土的抗腐蚀性和耐久性。

#### 1.2.3.4 促进可持续发展

混凝土中添加粉煤灰可以减少混凝土的能耗和二氧化碳排放。粉煤灰是一种大量产生的废弃物，将其加入混凝土中能够有效利用这些废弃物资源，并减少对环境的污染和对资源的消耗。

【职业能力训练】

1. 选择题

（1）粉煤灰有低钙粉煤灰和高钙粉煤灰之分。通常高钙粉煤灰的颜色偏（　　　），低钙粉煤灰的颜色偏（　　　）。

A. 黄、黑　　　　　　　　　　　B. 黑、白

C. 黄、灰　　　　　　　　　　　D. 灰、白

（2）粉煤灰的主要来源是以煤粉为燃料的（　　　）和城市集中供热锅炉。

A. 水电站 B. 核电站

C. 火电厂 D. 地下泵站

2. 判断题

（1）在混凝土中掺加粉煤灰节约了大量的水泥和细骨料；减少了用水量；改善了混凝土拌和物的和易性；增强混凝土的可泵性；减少了混凝土的徐变。（　　）

（2）在混凝土中掺加粉煤灰减少水化热、热能膨胀性；提高混凝土抗渗能力；增加混凝土的修饰性。（　　）

3. 简答题

粉煤灰在混凝土中的作用是什么？

拓展阅读

粉煤灰简介

_____
_____
_____
_____
_____

# 任务 1.3　水泥主要特征及工程选用

## 【任务描述】

位于四川省凉山州宁南县和云南省昭通市巧家县境内的金沙江干流下游河段上金沙江白鹤滩水电站，采用混凝土双曲拱坝坝型，坝高属 300 米级高拱坝。不同品种的水泥及粉煤灰都有不同的特性，使用范围也各不相同。

请根据工程实际正确选用合适的水泥品种。

## 【学习目标】

**知识目标：**

（1）理解水泥的主要特性。

（2）掌握水泥的工程选用。

**能力目标：**

（1）能够描述不同品种水泥的主要特性。

（2）能够根据工程实际和水泥的特性正确选择水泥品种。

**素质目标：**

（1）培养学生查阅和使用资料的能力。

（2）培养学生处理实际问题的能力。

## 【相关基础知识】

### 1.3.1　硅酸盐水泥的特性与选用

硅酸盐水泥的特性见表 1.3.1。

表 1.3.1                                  硅 酸 盐 水 泥 的 特 性

| 品种 | 硅酸盐水泥 | 普通水泥 | 矿渣水泥 | 火山灰水泥 | 粉煤灰水泥 | 复合水泥 |
|---|---|---|---|---|---|---|
| 主要特性 | 凝结硬化快<br>早期强度高<br>水化热大<br>耐蚀性差<br>耐磨性好<br>抗冻性好<br>耐热性差<br>抗碳化性好<br>抗渗性好<br>干缩性小 | 凝结硬化较快<br>早期强度较高<br>水化热较大<br>耐蚀性较差<br>耐磨性较好<br>抗冻性较好<br>耐热性较差<br>抗碳化性较好<br>抗渗性较好<br>干缩性较小 | 凝结硬化慢<br>早期强度低，<br>但后期强度增<br>长快<br>水化热小<br>耐蚀性好<br>耐磨性差<br>抗冻性差<br>耐热性好<br>抗碳化性差<br>抗渗性差<br>干缩性大<br>蒸汽养护好 | 凝结硬化慢<br>早期强度低，<br>但后期强度增<br>长快<br>水化热小<br>耐蚀性好<br>耐磨性差<br>抗冻性差<br>耐热性较好<br>抗碳化性差<br>抗渗性好<br>干缩性大<br>蒸汽养护好 | 凝结硬化慢<br>早期强度低，<br>但后期强度增<br>长快<br>水化热小<br>耐蚀性好<br>耐磨性差<br>抗冻性差<br>耐热性较好<br>抗碳化性差<br>抗渗性较好<br>干缩性小<br>蒸汽养护好 | 凝结硬化慢<br>早期强度低，<br>但后期强度增<br>长快<br>水化热小<br>耐蚀性好<br>耐磨性差<br>抗冻性差<br>耐热性较好<br>抗碳化性差<br>蒸汽养护好<br>其他性能与掺<br>入混合材料的种<br>类及掺量有关 |

### 1.3.2 通用硅酸盐水泥品种的选择

不同水泥有不同的性能特点，应根据不同的环境条件、工程特点及使用要求等
选择水泥品种。

#### 1.3.2.1 按环境条件选择水泥品种

环境条件主要包括环境温度以及所含侵蚀性介质的种类、数量等，如当混凝土所
处环境具有较强的侵蚀性介质时，应优先选用矿渣水泥、火山灰水泥、粉煤灰水泥和
复合水泥，而不宜选用硅酸盐水泥和普通水泥；若侵蚀性介质强烈时（如硫酸盐含量
较高），可选用具有优良抗侵蚀性的特种水泥（如抗硫酸盐硅酸盐水泥）。

#### 1.3.2.2 按工程特点选择水泥品种

水泥用量很大的大体积混凝土工程，如大坝、大型设备基础等，应选用水化热
少、放热速度慢的掺混合材料的硅酸盐水泥，或选用专门的中热硅酸盐水泥、低热矿
渣硅酸盐水泥，不得使用硅酸盐水泥等。

有早强要求的紧急工程、有抗冻要求的工程应选用硅酸盐水泥、普通硅酸盐水
泥，而不宜选用矿渣水泥、火山灰水泥及粉煤灰水泥等。

承受高温作用的混凝土工程（工业窑炉及基础等）应选用矿渣水泥，不宜选用硅
酸盐水泥。若温度不高也可使用普通水泥。

#### 1.3.2.3 按混凝土所处部位选择水泥品种

经常遭受水冲刷的混凝土、水位变化区的外部混凝土、构筑物的溢流面部位混凝
土等，应优先选用硅酸盐水泥、普通硅酸盐水泥或中热硅酸盐水泥，避免采用火山灰
水泥等。位于水中和地下部位的混凝土、采取蒸汽养护等湿热处理的混凝土，应优先
采用矿渣硅酸盐水泥、火山灰硅酸盐水泥或粉煤灰硅酸盐水泥等。通用硅酸盐水泥的
选用见表 1.3.2。

表 1.3.2 通用硅酸盐水泥的选用

| 混凝土工程特点及所处环境条件 | | 优先选用 | 可以选用 | 不宜选用 |
|---|---|---|---|---|
| 普通混凝土 | 在一般气候环境中的混凝土 | 普通水泥 | 矿渣水泥<br>火山灰水泥<br>粉煤灰水泥<br>复合水泥 | |
| | 在干燥环境中的混凝土 | 普通水泥 | 矿渣水泥 | 火山灰水泥<br>粉煤灰水泥<br>复合水泥 |
| | 在高湿度环境中或长期处于水中的混凝土 | 矿渣水泥<br>火山灰水泥<br>粉煤灰水泥<br>复合水泥 | 普通水泥 | |
| | 大体积的混凝土 | 矿渣水泥<br>火山灰水泥<br>粉煤灰水泥<br>复合水泥 | | 硅酸盐水泥 |
| 特殊要求混凝土 | 要求快硬高强（C40 以上）的混凝土 | 硅酸盐水泥 | 普通水泥 | 矿渣水泥<br>火山灰水泥<br>粉煤灰水泥<br>复合水泥 |
| | 严寒地区的露天混凝土，寒冷地区处于水位升降范围内的混凝土 | 普通水泥 | 矿渣水泥（强度等级＞32.5） | 火山灰水泥<br>粉煤灰水泥 |
| | 严寒地区处于水位升降范围内的混凝土 | 普通水泥<br>（强度等级＞42.5） | | 矿渣水泥<br>火山灰水泥<br>粉煤灰水泥<br>复合水泥 |
| | 有抗渗要求的混凝土 | 普通水泥<br>火山灰水泥 | | 矿渣水泥 |
| | 有耐磨性要求的混凝土 | 硅酸盐水泥<br>普通水泥 | 矿渣水泥（强度等级＞32.5） | 火山灰水泥<br>粉煤灰水泥 |
| | 受侵蚀性介质作用的混凝土 | 矿渣水泥<br>火山灰水泥<br>粉煤灰水泥 | — | 硅酸盐水泥 |

### 1.3.3　水泥强度等级的选择

（1）水泥强度等级应与工程施工图中混凝土设计强度等级相适应，混凝土强度等级越高，所选择的水泥强度等级也应越高。

（2）强度等级高的混凝土（C40 以上）所用水泥强度等级应为混凝土强度等级的 0.9～1 倍。

（3）用于一般素混凝土（如垫层）的水泥强度等级不得低于 32.5。

（4）用于一般钢筋混凝土的水泥强度等级不得低于 32.5R。

（5）预应力混凝土、有抗冻要求的混凝土、大跨度重要结构工程的混凝土等的水泥强度等级不得低于 42.5R。

（6）一般来说，C20 以下强度等级混凝土所用水泥强度等级应为混凝土强度等级的 2 倍。

（7）C20～C40 强度等级的混凝土所用水泥强度等级应为混凝土强度等级的1.5～2 倍。

【职业能力训练】

1. 简答题

（1）不同品种硅酸盐水泥为什么具有不同的特性？

_____

_____

_____

_____

_____

（2）如何正确选用通用硅酸盐水泥品种？

_____

_____

_____

_____

_____

# 任务 1.4　水泥及粉煤灰的验收、储存及保管

【任务描述】

　　LH 水库是以防洪、城市供水为主，兼顾改善地下水环境等综合利用的大Ⅱ型水利枢纽工程。也是 L 河干流上唯一的控制性工程，水库的拦河坝分别由土石坝和混凝土坝组成，总长 1148m。左右岸为土石坝，坝长 887.5m，中间河床段为混凝土坝，坝长 254.5m。主要工程量：土石方开挖 59.19 万 $m^3$，土方填筑 59.52 万 $m^3$，坝壳砂砾料及砂砾填筑 146.14 万 $m^3$，帷幕灌浆 14560m，混凝土浇筑 46.86 万 $m^3$，钢筋制安 3100t，金属结构闸门制作安装 2135t。总工期为 4.5 年。现工程所用水泥及粉煤灰已经进场。

　　请你对进场水泥进行验收，并采用正确的方法进行储存及保管。

【学习目标】

知识目标：

（1）掌握水泥验收的内容。

（2）掌握水泥储存及保管方法。

能力目标：

（1）能够对进场水泥进行验收。

（2）能够对验收水泥进行储存及保管。

**素质目标：**

（1）培养学生查阅和使用资料的能力。

【相关基础知识】

水泥在建筑工程中大量使用，正确选择水泥品种、严格质量验收、妥善运输与储存是保证工程质量、杜绝质量事故的重要措施。

粉煤灰的用途十分广泛，许多行业中均有所涉及，在建筑行业也不例外。经过加工处理的粉煤灰可以作为良好的建筑材料，在建筑施工过程中粉煤灰的作用也越来越突出。

### 1.4.1 水泥及粉煤灰的验收

用户所订水泥及粉煤灰到货后应认真验收，验收步骤如下。

#### 1.4.1.1 检查资料

水泥出厂时，应有水泥生产厂家的出厂合格证书。该证书应包含生产厂家、品种、出厂日期、出厂编号和必要的试验数据，这些数据应满足相应水泥指标规定的各项技术要求及试验结果。同时，水泥袋上应清楚标明生产厂家名称，生产许可证编号，品种名称，代号，强度等级，包装年、月、日和编号。对于散装水泥，应提交与袋装标志内容相同的卡片。

根据供货单位的发货明细表及质量合格证，分别核对与水泥包装上所注明的工厂名称、水泥品种、名称、代号和等级、"立窑"或"旋窑"生产、包装日期、产品编号等是否相符。

粉煤灰生产厂应按批检验，并向用户提交每批粉煤灰的检验结果及出厂产品合格证。

出厂粉煤灰应标明产品名称、类别、等级、生产方式、批号、执行标准号、生产厂名称和地址、出厂日期。袋装粉煤灰还应标明净质量。

#### 1.4.1.2 数量验收

水泥供货分散装和袋装。散装水泥用专用车辆运输，以"t"为计量单位，袋装水泥以"t"或"袋"为计量单位，每袋水泥质量应为（50±1.0）kg。散装水泥平均堆积密度为 1450kg/m³，袋装压实的密度为 1600kg/m³。

袋装水泥按袋计数验收，每垛质量一般采取抽样方法，即在每垛水泥每边取一叠，计 10 叠共 40 袋过磅，以平均袋重乘以该垛的总袋数，即为该垛的总质量。袋重是否合格，一般采取抽验方法，在每垛上抽出几包逐袋称重，如发现不符合规定要求，则记录并通知供货单位，进一步扩大抽验范围，直至全部称重。

粉煤灰可以散装或袋装。袋装每袋净含量为 25kg 或 40kg，每袋净含量不得少于标志质量的 99%。其他包装规格由买卖双方协商确定。

#### 1.4.1.3 外观质量验收

外观质量验收主要检查变质情况。

（1）棚车到货的水泥，验收时应检查车内有无漏雨情况；敞车到货的水泥应检查有无受潮现象。受潮水泥应单独堆放并作记录。观察水泥受潮现象的方法：先检查纸袋是否因受潮而变色、发霉；再用手按压纸袋，凭手感判断袋内水泥是否结块。包装袋破损者应记录情况并作妥善处理，如重新包装等。

（2）散装水泥到货，应先检查车、船的密封效果，以便判断是否受潮。

（3）中转仓库应妥善保管水泥质量证明文件，以备用户查询。

#### 1.4.1.4 质量复检

进行水泥的质量复检，通常包括物理性能和化学性能的检测。物理性能检测包括水泥的凝结时间、抗压强度、细度等，化学性能检测则主要关注水泥中的化学成分含量。

对进场粉煤灰抽取的检验样品，应留样封存，并保留 3 个月。当有争议时，对留样进行复检或仲裁检验。每批 F 类粉煤灰应检验细度、需水量比、烧失量、含水量，三氧化硫和游离氧化钙可按 5～7 个批次检验 1 次。每批 C 类粉煤灰应检验细度、需水量比、烧失量、含水量、游离氧化钙和安定性，三氧化硫可按 5～7 个批次检验 1 次。

### 1.4.2 水泥的运输与储存

水泥运输与储存时，主要应防止受潮和混入杂物。不同品种、等级和出厂日期的水泥应分别储运，不得混杂，避免错用，并应考虑先存先用，不可储存过久。

水泥是水硬性胶凝材料，在储运过程中不可避免地要吸收空气中的水分而受潮结块，丧失胶凝活性，使强度大为降低。水泥等级越高，细度越细，吸湿受潮越严重，活性丧失越快。在正常条件下，储存 3 个月后水泥强度降低 10%～25%，储存 6 个月后水泥强度降低 25%～40%。

储存水泥的库房必须干燥，存放地面应高出室外地面 30cm。若地面有良好的防潮层并以水泥砂浆抹面，可直接储存水泥；否则，应用木料垫离地面 20cm。袋装水泥堆垛不宜过高，一般为 10 袋，如储存时间短、包装袋质量好，可堆至 15 袋。袋装水泥垛一般应离开墙壁和窗口 30cm 以上。水泥垛应设立标示牌，注明生产工厂、品种、日期、等级、出厂日期等。应尽量缩短水泥的储存期，一般不宜超过 3 个月；否则，应重新测定其强度等级，按实测强度使用。

露天临时储存袋装水泥时，应选择地势高、排水良好的场地，并应认真做好上盖下垫，以防止水泥受潮（表 1.4.1）。

散装水泥应按品种、等级及出厂日期分库储存，同时应密封良好，严格防潮（表 1.4.2）。

图 1.4.1　袋装水泥

图 1.4.2　散装水泥

### 1.4.3 受潮水泥的鉴别与处理

水泥受潮是难以避免的。受潮程度不同，强度降低程度不同，应区别情况使用。

（1）水泥无结块，测定其烧失量小于 5%，说明水泥尚未受潮，可按原强度等级使用。

（2）水泥有结成小粒情况，但手捏可成粉末，烧失量为 5%～6%，说明水泥开始受潮，强度损失不大（约在一个等级内）。应将水泥粒压成粉末或适当增加搅拌时间，可用到强度要求比原来低的工程中（一般降低 15%～20%的活性）。

（3）水泥已部分结成硬块，或外部结成硬块内部尚有粉末状，烧失量为 6%～8%，说明水泥已严重受潮，强度约损失 50%。此时应筛除硬块，可压碎的压成粉末，可用于抹面砂浆等非受力部位。

（4）结块坚硬，无粉末状，烧失量大于 8%的水泥，其活性已丧失殆尽，不能按胶凝材料使用，只能重新粉磨后用作混合材料。

### 1.4.4 水泥质量的仲裁

由于水泥品质不合格而导致工程事故的例子屡见不鲜，轻者加固修补，重者推倒重建，甚至造成重大生命财产损失。

水泥厂应在用户要求时提供水泥品质试验报告。试验报告包括除 28d 强度以外的所有品质试验结果，以及混合材料名称、掺量，属旋窑或立窑生产。28d 强度试验结果应在水泥发出之日起 2d 内补报。

水泥出厂后 3 个月内，如购货单位对水泥质量提出任何疑问或工程中出现与水泥质量有关的问题需要由水泥质量检验部门仲裁时，用水泥厂同一编号水泥的封存样进行鉴定。

当用户对水泥安定性、初凝时间有疑问，要求现场取样仲裁时，生产厂家应在接到用户要求后 7d 内，会同用户从现场同一编号的水泥中共同取样送水泥质量检验部门检验。生产厂家在规定时间内不去现场，用户可独自取样送验，结果等同有效。考虑出厂水泥质量的不均匀性，当现场送检样和水泥封存样检验结果有矛盾时，以现场送检样为准。

水泥质量问题多发生于立窑水泥。由于立窑生产设备机械化程度较低，生产控制手段比不上旋窑水泥，致使质量波动大、富余强度不够稳定，其中安定性不合格问题应特别注意，当工程采用立窑水泥时更应慎重对待。

【职业能力训练】

1. 简答题

（1）进场水泥的验收内容是什么？

（2）验收后水泥怎样储存及保管？

_____

_____

_____

_____

_____

_____

# 任务 1.5  水泥及粉煤灰检验检测频次及取样方法

## 【任务描述】

LH 水库是以防洪、城市供水为主，兼顾改善地下水环境等综合利用的大 Ⅱ 型水利枢纽工程。也是 L 河干流上唯一的控制性工程，水库的拦河坝分别由土石坝和混凝土坝组成，总长 1148m。左右岸为土石坝，坝长 887.5m，中间河床段为混凝土坝，坝长 254.5m。主要工程量：土石方开挖 59.19 万 m³，土方填筑 59.52 万 m³，拌合及砂砾填筑 146.14 万 m³，帷幕灌浆 14560m，混凝土浇筑 46.86 万 m³，钢筋制安 3100t，金属结构闸门制作安装 2135t。总工期为 4.5 年。估计需普通硅酸盐水泥约 11.69 万 t，F 类 Ⅰ 级粉煤灰约 3.5 万 t。

请你确定水泥检验检测频次及取样方法。

## 【学习目标】

**知识目标：**

（1）理解水泥的取样频次。

（2）掌握水泥的取样方法、数量、样品制备及储存。

**能力目标：**

（1）能够确定水泥的取样频次。

（2）能够使用正确方法对水泥进行取样。

**素质目标：**

（1）培养理论联系实际能力。

（2）培养学生分析问题、解决问题的能力。

**思政目标：**

培养学生的规范意识。

## 【相关基础知识】

### 1.5.1  检验检测频次

1. 主要技术标准

（1）《水工混凝土施工规范》（DL/T 5144—2015）。

（2）《水工混凝土施工规范》（SL 677—2014）。

（3）《通用硅酸盐水泥》（GB 175—2023）。

(4)《水泥取样方法》(GB/T 12573—2008)。

2. 检验检测频次

(1)《水工混凝土施工规范》(DL/T 5144—2015)中规定以同一水泥厂家、同牌号、同强度等级、同一出厂编号取样。中热硅酸盐水泥、低热硅酸盐水泥、低热矿渣硅酸盐水泥、通用硅酸盐水泥以不超过 600t 为一取样单位；低热微膨胀水泥以不超过 400t 为一取样单位；抗硫酸盐水泥以不超过 300t 为一取样单位。

主控项目应每批次检验 1 次，一般项目应每季度至少检验 1 次。水泥进场检验项目可按表 1.5.1 执行。

表 1.5.1　　　　　　　　　　水 泥 进 场 检 验 项 目

| 序号 | 种　　类 | 主 控 项 目 | 一 般 项 目 |
|---|---|---|---|
| 1 | 中热硅酸盐水泥、低热硅酸盐水泥、低热矿渣硅酸盐水泥 | 比表面积、安定性、凝结时间、强度 | 三氧化硫、碱含量、氧化镁、烧失量、水化热 |
| 2 | 通用硅酸盐水泥 | 比表面积（细度）、安定性、凝结时间、强度 | 不溶物、烧失量、三氧化硫、碱含量、氯离子、氧化镁 |
| 3 | 低热微膨胀水泥 | 比表面积、安定性、凝结时间、强度、线膨胀率 | 三氧化硫、碱含量、烧失量、氧化镁、水化热、氯离子 |
| 4 | 抗硫酸盐水泥 | 比表面积、安定性、凝结时间、强度 | 硅酸三钙、铝酸三钙、三氧化硫、碱含量、氧化镁、烧失量、抗硫酸盐侵蚀能力 |

注　当工程对水泥碱含量有要求或骨料有碱活性时，水泥的碱含量应作为主控项目。钢筋混凝土用水泥的氯离子应作为主控项目。

(2)《水工混凝土施工规范》(SL 677—2014)中规定以统一水泥厂、同牌号、同强度等级、同一出厂编号水泥 200～400t 为一取样单位，不足 200t 也取 1 组。

(3)每批 F 类粉煤灰应检验细度、需水量比、烧失量、含水量，三氧化硫和游离氧化钙可按 5～7 个批次检验 1 次。每批 C 类粉煤灰应检验细度、需水量比、烧失量、含水量、游离氧化钙和安定性，三氧化硫可按 5～7 个批次检验 1 次。不同来源的粉煤灰使用前应进行放射性检测。

### 1.5.2　取样方法

#### 1.5.2.1　取样工具

取样工具包括手工取样器和自动取样器。

#### 1.5.2.2　取样部位

取样应在有代表性的部位进行，并且不应在污染严重的部位取样，一般在以下部位取样：

(1)水泥输送管路中。

(2)袋装水泥堆场。

(3)散装水泥卸料处或水泥运输机具上。

#### 1.5.2.3　取样步骤

1. 手工取样

(1)散装水泥。当所取水泥深度不超过 2m 时，每一个编号内采用散装水泥取样器随机取样，通过转动取样器内管控制开关，在适当位置插入水泥一定深度，关闭后小心抽出，将所取样品储存到密闭容器中，封存样要加封条。容器应洁净、干燥、防潮、密封，不易破损且不影响水泥性能。每次抽取的单样量应尽可能一致。

（2）袋装水泥。每一个编号内随机抽取不少于 20 袋水泥，采用袋装水泥取样器取样，将取样器沿对角线方向插入水泥包装袋中，用大拇指按住气孔，小心抽取取样管，将所取样品储存到密闭容器中，封存样要加封条。容器应洁净、干燥、防潮、密封，不易破损且不影响水泥性能。每次抽取的单样量应尽可能一致。

2. 自动取样

采用自动取样器取样，该装置一般安装在尽量接近水泥包装机或散装容器的管路中，从流动的水泥流中取出样品，将所取样品储存到密闭容器中，封存样要加封条。容器应洁净、干燥、防潮、密封，不易破损且不影响水泥性能。每次抽取的单样量应尽可能一致。

3. 粉煤灰取样

取样方法按《水泥取样方法》（GB/T 12573—2008）进行。取样应有代表性，应从 10 个以上不同部位取样。袋装粉煤灰应从 10 个以上包装袋内等量抽取；散装粉煤灰应从至少三个散装集装箱（罐）内抽取，每个集装箱（罐）应从不同深度等量抽取。抽取的样品混合均匀后，按四分法取出比试验用量大两倍的量作为试样。

### 1.5.3 取样数量

混合样的取样量应符合相关水泥标准要求。

分割样的取样量应符合下列规定：①袋装水泥每 1～10 编号从一袋中取至少 6kg；②散装水泥每 1～10 编号在 5min 内取至少 6kg。

### 1.5.4 样品的制备

#### 1.5.4.1 混合样

每一编号所取水泥单样通过 0.9mm 方孔筛后充分混均，一次或多次将样品缩分到相关标准要求的定量，均分为试验样和封存样。试验样按相关标准要求进行试验，封存样储存到密闭容器中，封存样要加封条。容器应洁净、干燥、防潮、密封，不易破损且不影响水泥性能。样品不得混入杂物和结块。

#### 1.5.4.2 分割样

每一编号所取 10 个分割样应分别通过 0.9mm 方孔筛，不得混杂，并按相关要求进行 28d 抗压强度均质性试验。样品不得混入杂物和结块。

### 1.5.5 水泥样品储存

水泥样品取得后，储存到密闭容器中，封存样要加封条。容器应洁净、干燥、防潮、密封，不易破损且不影响水泥性能。

存放封存样的容器应至少在一处加盖清晰、不易擦掉的标有编号、取样时间、取样地点和取样人的密封印，如只有一处标志应在容器外壁上。

封存样应密封储存，储存期应符合相应水泥标准的规定。试验样与分割样亦应妥善储存。

封存样应储存于干燥、通风的环境中。

### 1.5.6 水泥样品取样单

样品取得后，应由负责取样人员填写取样单，应至少包括水泥编号、水泥品种、强度等级、取样日期、取样地点、取样人。水泥取样单见表 1.5.2，粉煤灰取样单见表 1.5.3。

表 1.5.2　　　　　　　　水 泥 取 样 单

| 取样日期 | 年　　月　　日 | | 取样单编号 | | |
|---|---|---|---|---|---|
| 试样编号 | | 水泥名称 | | 品种强度 | |
| 厂牌 | | 生产单位 | | | |
| 出厂编号 | | 出厂日期 | 年　　月　　日 | 检验性质 | |
| 运输车号 | | 送货人 | | 抽样人 | 抽样数量 |
| 取样规则 | 1. 水泥按出厂编号取样，每一个编号为一个取样单位，若一个编号连续供应超过 500t 时，按每 500t 取样一次，不足 500t 时也取样一次。<br>2. 取样要有代表性，可连续取，也可从不同部位取等量样品。<br>3. 水泥取样由当班质检员负责。<br>4. 要详细填写取样单一式两份，一份存档，一份放入样品容器密封好 | | | | |

表 1.5.3　　　　　　　　粉 煤 灰 取 样 单

| 取样日期 | 年　　月　　日 | | 取样单编号 | | |
|---|---|---|---|---|---|
| 试样编号 | | 粉煤灰名称 | 粉煤灰 | 等级 | 级 |
| 厂牌 | | 生产单位 | | | |
| 出厂编号 | | 出厂日期 | 年　　月　　日 | 检验性质 | |
| 运输车号 | | 送货人 | | 抽样人 | 抽样数量 |
| 取样规则 | 1. 以连续供应的 200t 相同厂家、相同等级粉煤灰为一批取样一次，不足 200t 也取样一次。<br>2. 取样应从每批不同部位取 15 份，每份不少于 1kg。<br>3. 取样由当班质检员负责。<br>4. 要详细填写取样单一式两份，一份存档，一份放入样品容器内密封好 | | | | |

**【职业能力训练】**

1. 单选题

（1）取样应在有代表性的部位进行，并且不应在污染严重的部位取样，一般不在以下部位取样（　　）。

A. 水泥输送管路中　　　　　　　　B. 袋装水泥堆场

C. 散装水泥卸料处或水泥运输机具上　D. 散装水泥罐罐内

（2）样品取得后，应由负责取样人员填写取样单，应至少包括（　　）。

A. 水泥编号和水泥品种　　　　　　B. 强度等级和取样日期

C. 取样地点和取样人　　　　　　　D. 水泥检测单位

（3）水泥取样工具主要有（　　）。

A. 手工取样器和自动取样器      B. 手工取样器和电子取样器

C. 电子取样器和自动取样器      D. 手工取样器和红外取样器

2. 判断题

（1）将水泥所取样品储存到密闭容器中，封存样要加封条。容器应洁净、干燥、防潮、密封，不易破损且不影响水泥性能。每次抽取的单样量应尽可能一致。（　　）

（2）存放封存样的容器应至少在一处加盖清晰、不易擦掉的标有编号、取样时间、取样地点和取样人的密封印，如只有一处标志应在容器外壁上。（　　）

3. 简答题

（1）现场试验水泥可以在哪些部位取样？

_____

_____

_____

（2）水泥取样单应包括哪些内容？

_____

_____

_____

（3）水泥手工取样和自动取样有何区别？

_____

_____

_____

_____

## 任务 1.6　水泥及粉煤灰检测项目的委托和下达

**【任务描述】**

LH 水库是以防洪、城市供水为主，兼顾改善地下水环境等综合利用的大 Ⅱ 型水利枢纽工程。也是 L 河干流上唯一的控制性工程，水库的拦河坝分别由土石坝和混凝土坝组成，总长 1148m。左右岸为土石坝，坝长 887.5m，中间河床段为混凝土坝，坝长 254.5m。主要工程量：土石方开挖 59.19 万 $m^3$，土方填筑 59.52 万 $m^3$，拌合及砂砾填筑 146.14 万 $m^3$，帷幕灌浆 14560 m，混凝土浇筑 46.86 万 $m^3$，钢筋制安 3100t，金属结构闸门制作安装 2135t。总工期为 4.5 年。混凝土部分采用的水泥品种有 P·O42.5 和 P·I42.5，粉煤灰采用 F 类 I 级。水泥及粉煤灰已进场，现需要对进场水泥及粉煤灰进行复检。

作为检测机构人员，需要针对接到的检测任务填写委托单，并填写流转单下发检测任务。

**【学习目标】**

知识目标：

（1）掌握检测任务委托单的填写。

（2）掌握检测任务下达的内容。

能力目标：

（1）能够正确填写检测任务委托单，进行检测任务的委托。

（2）能够正确下达检测任务，填写流转单。

素质目标：

培养学生查询资料的能力。

**【相关基础知识】**

**1.6.1 检测任务的委托**

试验委托通常指的是客户将某个试验任务委托给另一方进行操作的过程。检测合同按重要性分为重要检测合同和一般检测合同。一般检测合同可采用委托单形式。所以委托单其实也是检测合同的一种，具有法律效力。

对于实验室开展的检测活动，按照流程通常可以分为：收样、记录、检测任务的下达流转、测试前确认、检测实施、数据处理、报告出具、检测后样品处理。

一般检测合同采用委托单形式。委托单宜包括下列内容：委托编号、委托日期、委托单位、工程名称、建设单位、监理单位、施工单位、使用部位、取样地点、委托项目的特征要求、样品状态、检测性质、检测依据等内容。

水泥检测委托单见表1.6.1，粉煤灰检测委托单见表1.6.2。填写试验委托单的注意事项如下：

（1）所有委托单均以电脑打印为好。这样的委托单清晰，不会被误读。

（2）委托日期应按委托实际发生的时间填写，这就要求工程各单位及时进行委托。

（3）委托单中试验编号要与检测合同、原始记录、检测报告应按年度统一编号，编号应连续。

（4）委托单中的工程名称和所有责任单位（建设单位、施工单位、监理单位等）都应填写全称，和所承接工程的公章要一致。

（5）委托单中检测性质宜按施工自检、监督抽检、业主抽检、监理抽检分类。

（6）使用部位，比如水泥使用部位可以是溢流坝、闸底板等；取样地点是水泥输送管路中、袋装水泥堆场、散装水泥卸料处或输送水泥运输机具上等。

（7）样品状态，对于水泥来说样品状态可以是粉状、干燥、无结块。

（8）委托单中检测依据的选择次序：对水利工程而言当检测对象有水利标准时，应采用水利标准，当检测对象只有国务院其他部委的行业标准时，应采用该部委发布的行业标准；当检测对象只有国家标准时，应采用国家标准。

（9）委托单中签字人员（见证人、委托人）采用正楷字填写姓名。不要用草书或设计签名，以免对出具检测报告带来诸多不便。

水泥及粉煤灰委托单的填写及委托项目选择示例见表1.6.1～表1.6.3。

表 1.6.1 水泥检测委托单示例 1

| 委托日期: 年 月 日 | 报告编号: |
|---|---|
| 样品编号: | 流转号: |
| 委托单位: | |
| 工程名称: | |
| 建设单位: | |
| 监理单位: | |
| 施工单位: | |
| 使用部位:穿堤建筑物和险工险段 | 取样地点:施工现场 |
| 生产单位:××水泥有限公司 | 牌号/强度等级:P·O 42.5 |
| 出厂日期: 年 月 日 | 出厂合格证号: |
| 进场数量: t | 样品状态:粉状、干燥、无结块 |
| 委托人: | 见证人员: |
| 联系电话: | 收样人: |
| 检测性质: | |

检测依据:
☐《中热硅酸盐水泥、低热硅酸盐水泥》(GB/T 200—2017)
☑《水泥胶砂强度检验方法（ISO 方法）》(GB/T 17671—2021)
☑《水泥标准稠度用水量、凝结时间、安定性检验方法》(GB/T 1346—2024)
☑《水泥细度检验方法 筛析法》(GB/T 1345—2005)
☐《水泥比表面积测定方法 勃氏法》(GB/T 8074—2008)
☑《水泥密度测定方法》(GB/T 208—2014)
☑《水泥化学分析方法》(GB/T 176—2017)

检验项目（在序号上画"√"）:☑抗压强度 ☑抗折强度 ☑标准稠度用水量
☑凝结时间 ☑安定性 ☑细度（筛余或比表面积）☑碱含量
☑氯离子 ☑烧失量 ☑胶砂流动度

其他检验项目:

表 1.6.2 水泥检测委托单示例 2

| 委托日期: 年 月 日 | 报告编号: |
|---|---|
| 样品编号: | 流转号: |
| 委托单位: | |
| 工程名称: | |
| 建设单位: | |
| 监理单位: | |
| 施工单位: | |
| 使用部位:穿堤建筑物和险工险段 | 取样地点:施工现场 |
| 生产单位:××水泥有限公司 | 牌号/强度等级:P·I 42.5 |
| 出厂日期: 年 月 日 | 出厂合格证号: |

续表

| 进场数量: t | 样品状态: 粉状、干燥、无结块 |
|---|---|
| 委 托 人: | 见证人员: |
| 联系电话: | 收样人: |

检测性质:

检测依据:
- ☐《中热硅酸盐水泥、低热硅酸盐水泥》(GB/T 200—2017)
- ☐《水泥胶砂强度检验方法（ISO 方法）》(GB/T 17671—2021)
- ☐《水泥标准稠度用水量、凝结时间、安定性检验方法》(GB/T 1346—2024)
- ☐《水泥细度检验方法 筛析法》(GB/T 1345—2005)
- ☑《水泥比表面积测定方法 勃氏法》(GB/T 8074—2008)
- ☑《水泥密度测定方法》(GB/T 208—2014)
- ☐《水泥化学分析方法》(GB/T 176—2017)

检验项目（在序号上画"√"）：☐抗压强度　☐抗折强度　☐标准稠度用水量　☐凝结时间
☐安定性　☑细度（筛余或比表面积）　☐碱含量　☐氯离子　☐烧失量　☐胶砂流动度

其他检验项目：

**表 1.6.3　　　　　粉 煤 灰 检 测 委 托 单**

| 委托日期: 年 月 日 | 委托编号: |
|---|---|
| 样品编号: | 流转号: |
| 委托单位: | |
| 工程名称: | |
| 建设单位: | |
| 监理单位: | |
| 施工单位: | |
| 使用部位: | 取样地点: |
| 生产单位: | 牌号/强度等级:级 |
| 出厂日期: 年 月 日 | 出厂合格证号: |
| 进场数量: t | 样品状态: 粉状、干燥、无结块 |
| 委 托 人: | 见证人员: |
| 联系电话: | 收样人: |

检测性质:

检测依据:
- ☑《用与水泥和混凝土中的粉煤灰》(GB/T 1596—2017)
- ☑《水泥化学分析方法》(GB/T 176—2017)

检验项目（在序号上画"√"）：☑细度　☑需水量比　☑烧失量　☑含水量　☑三氧化硫含量　☑游离氧化钙含量　☑密度　☑安定性　☑强度活性指数

其他检验项目：

### 1.6.2 检测任务的下达

实验室对于检测任务的下达比较随意，很容易出现问题。收样人和最终的测试人不是同一个人，通常情况下样品多样，检测要求多样，因而很容易造成信息流转过程中的错位。因此，多数实验室常常用"检测任务流转单"来传递任务，同时，样品与"检测任务流转单"共同流转，这样可以准确流转检测任务。对于多数实验室，为了减少流程的复杂性，"检测任务流转单"与"检测委托单"是同一个。整个流转的流程建议是电子化的，如果流转过程都采用纸质资料，势必会造成流程烦琐以及资源的浪费。当然，如果暂时没有电子流程，那么纸质申请单的保护是相当重要的。

#### 1.6.2.1 样品流转交接

样品管理员应及时将不需分装制备的样品分发给检验检测人员，并在样品流转单（计算机系统）或其他类似系统中做好交接记录。

#### 1.6.2.2 样品分发

需要由多个检验检测人员共同使用或分包的样品，样品管理员应根据检验检测项目及时将加贴了标识的样品，分发给样品分装制备员进行分装并在样品流转单（计算机系统）或其他类似系统做好交接记录。

#### 1.6.2.3 信息核对

检验检测人员应根据登记的样品信息核对样品，检查是否存在差异，如密封情况、包装、标识、性状等，有疑义应立即报告。

#### 1.6.2.4 样品流转单记录

样品在检验检测机构内部流转过程中始终做好样品或样品单元流转单，记录应包括以下信息：①样品名称；②流转样品状态描述和数量；③样品单元的标识，标识需且能溯源到原始样品；④流转时间；⑤样品等级（适用时）；⑥样品型号规格（适用时）；⑦检验检测项目；⑧检验检测依据；⑨样品流转中涉及的人员签名。

#### 1.6.2.5 样品流转状态

样品在检验检测和传递过程中应按照样品的检验检测状态分类存放，并在样品标识上注明"待检""在检""检毕"或"留样"。

#### 1.6.2.6 流转中的特殊要求

如有复检或仲裁复议时，检验检测机构在调用留样前应与客户确认，经检验检测机构人员审批后方可，并在样品登记信息表（计算机系统）或其他类似系统中做好留样调用记录。

#### 1.6.2.7 样品流转中的公正性问题

样品在检验检测机构内部流转过程中要与流转记录一并流转，建议对客户信息屏蔽，以防有失公正。

水泥样品及粉煤灰样品流转任务单填写示例见表 1.6.4～表 1.6.6。

表 1.6.4 水泥样品流转任务单 1

| 检测类别：委托检测 | 检测依据：《水泥密度测定方法》（GB/T 208—2014）《水泥比表面积测定方法勃氏法》（GB/T 8074—2008）《水泥标准稠度用水量、凝结时间、安定性检验方法》（GB/T 1346—2024）《水泥细度检验方法 筛析法》（GB/T 1345—2005）《水泥胶砂强度检验方法（ISO 法）》（GB/T 17671—2021）《水泥胶砂流动度测定方法》（GB/T 2419—2005）《水泥化学分析方法》（GB/T 176—2017） |
|---|---|

| 样品名称：水泥 | | | 样品状态： | | | 要求试验日期： |
|---|---|---|---|---|---|---|
| 序号 | 流转号 | 试验编号 | 样品规格 | 出厂日期 | 取样日期 | 检测项目 |
| 1 | 240805001 | 2024－sn－001 | P·O 42.5 | | | 水泥密度 |
| 2 | 240805001 | 2024－sn－001 | P·O 42.5 | | | 水泥细度（筛余） |
| 3 | 240805001 | 2024－sn－001 | P·O 42.5 | | | 水泥标准稠度用水量 |
| 4 | 240805001 | 2024－sn－001 | P·O 42.5 | | | 水泥凝结时间 |
| 5 | 240805001 | 2024－sn－001 | P·O 42.5 | | | 水泥安定性 |
| 6 | 240805001 | 2024－sn－001 | P·O 42.5 | | | 水泥胶砂抗折强度 |
| 7 | 240805001 | 2024－sn－001 | P·O 42.5 | | | 水民胶砂抗压强度 |
| 8 | 240805001 | 2024－sn－001 | P·O 42.5 | | | 水泥胶砂流动度 |
| 9 | 240805001 | 2024－sn－001 | P·O 42.5 | | | 水泥碱含量 |
| 10 | 240805001 | 2024－sn－001 | P·O 42.5 | | | 水泥烧失量 |
| 11 | 240805001 | 2024－sn－001 | P·O 42.5 | | | 水泥氯离子含量 |

派发人： 派发日期： 接收人：

表 1.6.5 水泥样品流转任务单 2

| 检测类别：委托检测 | 检测依据：《水泥密度测定方法》（GB/T 208—2014）《水泥比表面积测定方法勃氏法》（GB/T 8074—2008） |
|---|---|

| 样品名称：水泥 | | | 样品状态： | | | 要求试验日期： |
|---|---|---|---|---|---|---|
| 序号 | 流转号 | 试验编号 | 样品规格 | 出厂日期 | 取样日期 | 检测项目 |
| 1 | 240805002 | 2024－sn－002 | P·I42.5 | | | 水泥细度（比表面积） |

派发人： 派发日期： 接收人：

表 1.6.6 粉煤灰样品流转任务单

| 检测类别：委托检测 | 检测依据：《用于水泥和混凝土的粉煤灰》（GB/T 1596—2017）《水泥化学分析方法》（GB/T 176—2017） |
|---|---|

| 样品名称：粉煤灰 | | | 样品状态： | | | 要求试验日期： |
|---|---|---|---|---|---|---|
| 序号 | 流转号 | 试验编号 | 样品规格 | 出厂日期 | 取样日期 | 检测项目 |
| 1 | 200805003 | 2024－FMH－001 | F 类 I 级 | | | 粉煤灰含水量 |
| 2 | 200805003 | 2024－FMH－001 | F 类 I 级 | | | 粉煤灰细度 |
| 3 | 200805003 | 2024－FMH－001 | F 类 I 级 | | | 粉煤灰需水量比 |
| 4 | 200805003 | 2024－FMH－001 | F 类 I 级 | | | 粉煤灰三氧化硫含量 |
| 5 | 200805003 | 2024－FMH－001 | F 类 I 级 | | | 粉煤灰游离氧化钙含量 |
| 6 | 200805003 | 2024－FMH－001 | F 类 I 级 | | | 粉煤灰安定性 |
| 7 | 200805003 | 2024－FMH－001 | F 类 I 级 | | | 粉煤灰活性指数 |

派发人： 派发日期： 接收人：

**【职业能力训练】**

　　1. 简答题

　　如何正确填写检测委托单？

# 岗 位 能 力

# 模块 2

# 水泥的性能与检测

## 任务 2.1  水泥密度检测

### 【任务描述】

LH 水库的拦河坝分别由土石坝和混凝土坝组成，总长 1148m。中间河床段为混凝土坝，坝长 254.5m，混凝土浇筑 46.86 万 $m^3$。现需对现场的水泥进行复检。分析检测项目后下达的检测项目之一为水泥密度。

请你对水泥密度进行检测。

### 【学习目标】

**知识目标：**

(1) 水泥密度性能检测的基本理论知识。

(2) 水泥密度性能检测仪器主要参数及使用、检验方法、检验结果的计算及处理。

**能力目标：**

(1) 能熟练进行水泥密度性能检测试验。

(2) 能够对检验结果进行正确计算及处理。

(3) 对试验中出现的一般问题学会分析及处理。

**素质目标：**

培养学生的动手能力和团队协作能力及数据处理的能力。

**思政目标：**

培养学生吃苦耐劳、德技并重的劳动精神和工匠精神。

### 【任务工作单】

工作任务分解表见表 2.1.1。

表 2.1.1　　　　　　　　　工 作 任 务 分 解 表

| 分组编号 | | 日期 | |
|---|---|---|---|
| 岗位工作任务：水泥密度检测 | | | |
| 任务分解： 1. 查询水泥密度的含义及影响因素。 2. 查阅规范熟悉水泥密度的检测应用的仪器设备、环境因素、操作方法。 3. 查阅规范熟悉水泥密度检测数据处理方法。 4. 小组合作完成水泥密度检测实验操作、原始记录及数据处理。 5. 完善水泥密度检测思维导图 | | | |

【任务分组】

小组成员组成及任务分工表见表 2.1.2。

表 2.1.2 小组成员组成及任务分工表

| 班级 | | | 组号 | | 工作任务 | |
|---|---|---|---|---|---|---|
| 组长 | | | 学号 | | 指导教师 | |
| 组员 | 姓名 | 学号 | | 姓名 | | 学号 |
| | | | | | | |
| | | | | | | |
| | | | | | | |
| 任务分工 | | | | | | |

【思维导图】

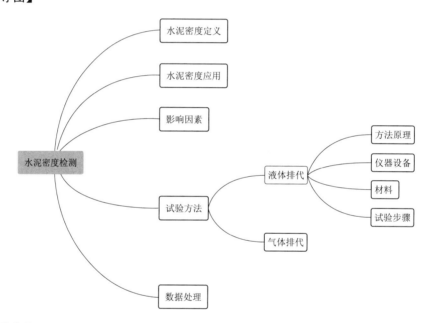

【获取信息】

引导问题 1：你查阅了哪些参考文献？请分别列出。阅读文献你有哪些收获？

_____

_____

_____

_____

_____

引导问题 2：水泥密度有哪些应用？

_____

_____

　　引导问题 3：水泥密度试验原理？你知道相关故事吗？

**【相关基础知识】**

水泥密度是重要的建筑性能之一。密度是水泥粉体最基本的物理参数，也是测定水泥粉体颗粒比表面积等其他物理性能必须用到的参数。水泥密度在产品检测标准中属于选择性项目，但是该项指标对于某些特殊的工程却是很重要的物理指标之一，如黏结工程、浇灌工程、油井堵塞工程等，这些工程需要水泥较快的从浆体中下沉生成致密的水泥石，因此要求水泥密度大一些，另外测定水泥比表面积时也必须先测定水泥密度。水泥的品种和质量不同，其密度也不同，所以水泥密度也可作为鉴别水泥质量和品种的参考。

水泥密度是指水泥在不包含空隙体积状态下，单位体积的质量，以 $g/cm^3$ 表示。

检验原理：根据阿基米德定律，水泥的体积等于它所排开的液体体积，从而可得出水泥单位体积的质量，即水泥密度。为使测定的水泥不发生水化反应，液体介质采用无水煤油。

不同品种的水泥其密度有区别，影响水泥密度的因素较多，主要有水泥熟料的矿物组成、煅烧程度、水泥中混合材的种类和掺量、水泥的储存期及储存条件等。

（1）水泥熟料的矿物组成。

水泥熟料中矿物的组成不同，制成的水泥密度也不同。水泥熟料中主要矿物成分的密度见表 2.1.3。从表中可知，熟料中 $C_4AF$ 的密度最大，水泥中 $C_4AF$ 含量大时，将使制成的水泥密度增大。

**表 2.1.3　　　　　　　　　　主要矿物的密度**

| 矿物名称 | 密度/$(g/cm^3)$ | 矿物名称 | 密度/$(g/cm^3)$ |
|---|---|---|---|
| $C_2S$ | 3.15 | $C_4AF$ | 3.77 |
| $\beta-C_2S$ | 3.28 | $f-CaO$ | 3.34 |
| $C_3A$ | 3.04 | 方镁石 | 3.58 |

（2）煅烧程度。

水泥的煅烧程度不同，制成的水泥密度也不同。一般生烧的熟料其密度小，过烧熟料密度大，正常煅烧的熟料其密度介于两者之间。在实际生产中，熟料密度的变化并不明显，只能间接反映熟料的煅烧程度。

（3）水泥中混合材的种类和掺量。

普通硅酸盐水泥、矿渣硅酸盐水泥、粉煤灰硅酸盐水泥、火山灰质硅酸盐水泥等的密度不仅与熟料密度有关，还与混合材料的种类、掺量等有关。水泥中混合材的种类和掺量对水泥密度影响比较大，具体见表 2.1.4。

表 2.1.4　　　　　　　　　　不同混合材的密度及掺量的影响

| 名　　　称 | 密度/(g/cm$^3$) | 掺 量 影 响 |
|---|---|---|
| 粒化高炉矿渣 | 小 | 掺量越多，水泥密度相应越小 |
| 火山灰 | | |
| 钛铁矿 | 4.44~5.00 | 掺量越多，水泥密度相应越大 |
| 磁铁矿 | 4.00~5.90 | |
| 重晶石 | 4.30~4.60 | |

（4）水泥的储存期及储存条件。

水泥的储存随着时间增长，其密度会降低。不同水泥品种的密度变动范围见表 2.1.5。

表 2.1.5　　　　　　　　　　不同水泥品种的密度变动范围

| 水 泥 品 种 | 密度/(g/cm$^3$) | 水 泥 品 种 | 密度/(g/cm$^3$) |
|---|---|---|---|
| 硅酸盐水泥 | 3.1~3.2 | 火山灰水泥 | 2.7~3.0 |
| 普通水泥 | 3.0~3.1 | 粉煤灰水泥 | 2.7~2.9 |
| 矿渣水泥 | 2.8~3.0 | 高铝水泥 | 3.1~3.3 |

储存条件也将会不同程度地降低水泥密度。

由于水泥中的游离 CaO 吸收了空气中的水分和 $CO_2$ 生成了密度较小的 $Ca(OH)_2$（密度 2.23g/cm$^3$）和 $CaCO_3$（密度 2.71g/cm$^3$），同时熟料矿物水化生成的水化产物密度也较熟料矿物低。

【检测任务实施】

### 2.1.1　试验目的及方法

试验目的：测定水泥的密度。

试验方法：液体排代法。

### 2.1.2　试验依据

《水泥密度测定方法》（GB/T 208—2014）。

### 2.1.3　检测原理

将水泥装入盛有一定量液体介质的李氏瓶内，并使液体介质充分地浸透水泥颗粒。根据阿基米德定律，水泥的体积等于它所排开的液体体积，从而计算出水泥单位体积的质量即为密度，为使测定的水泥不产生水化反应，液体介质采用无水煤油。

### 2.1.4　检测仪器及用品

（1）李氏瓶。

李氏瓶如图 2.1.1 所示。容积约为 250cm$^3$，瓶颈直接约为 1cm，瓶颈刻度 0~

24mL，且 0～1mL 和 18～24mL 之间的最小刻度为 0.1mL，其容量误差应不大于 0.05mL。容积刻度由瓶颈自上而下读数。

（2）恒温水槽。

应有足够大的容积，使水温可以稳定控制在（20±1）℃，恒温期间温度波动不超过 0.2℃。

（3）电子天平。

量程不小于 100g，分度值不大于 0.01g。

（4）无水煤油。

符合《煤油》（GB 253—2008）的要求。

（5）温度计。

量程包含 0～50℃，分度值不大于 0.1℃。

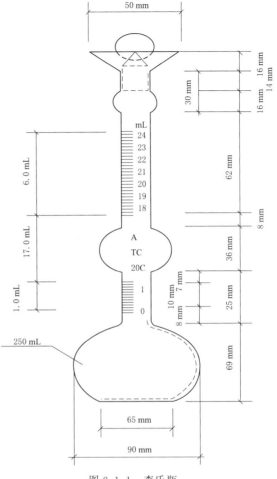

图 2.1.1　李氏瓶

### 2.1.5　检测步骤

（1）试验前水泥试样的处理。

水泥试样应先通过 0.90mm 方孔筛，在（110±5）℃温度下烘干 1h，并在干燥器内冷却至室温［室温应控制在（20±1）℃］。

注意：

（1）干燥器中干燥剂处于干燥状态。

（2）试样应冷却至室温。

（2）称取水泥试样。

称取水泥试样 60g，精确至 0.01g。

（3）李氏瓶中注入适量无水煤油，恒温后读数。

将无水煤油注入李氏瓶中至 0～1mL 之间某一刻度线后（选用磁力搅拌此时应加入磁力棒），盖上瓶塞，放入恒温水槽内进行恒温，恒温水槽内水位应使李氏瓶刻度部分没入水中［水温应控制在（20±1）℃］，恒温至少 30min，记下无水煤油的初始（第一次）读数 $V_1$。

注意：读数以弯月面下缘为准。

（4）擦净李氏瓶细长颈内没有煤油的部分。

从恒温水槽中取出李氏瓶，用滤纸将李氏瓶细长颈内没有煤油的部分仔细擦拭干净。

注意：擦拭内壁时滤纸不能接触到煤油液面。

（5）装入水泥试样，排气，恒温后读数。

用小匙将水泥试样一点点地装入李氏瓶中，全部装入后反复摇动（亦可用超声波震动或磁力搅拌等），直至没有气泡排出，再次将李氏瓶静置于恒温水槽，使刻度部分没入水中，恒温至少 30min，记下第二次读数 $V_2$。

第一次读数和第二次读数时，恒温水槽的温度差不大于 0.2℃。

注意：

（1）读数时以弯月面下缘为准。

（2）装入水泥试样的速度应适中，宜少量多次，避免堵塞瓶颈。

（3）所有的试样应全部装入瓶中，不能损失。

（4）如煤油液面达不到鼓肚上部的 18mL 刻度处或超出 24mL 刻度，可以适当增减水泥试样的质量，但计算密度值时以实际装入的水泥试样质量（m）为准。

（5）摇动李氏瓶时，注意勿使无水煤油溅出瓶外或溅粘在液面上壁上。

（6）水泥颗粒应全部浸泡在煤油液面以下，保证排代水泥试样的全部体积。

（7）恒温时，要保证有煤油的部分全部没入水中并且不能淹没李氏瓶。

（6）试验结束后，回收煤油，清洗李氏瓶。

实验结束后，将滤纸折成三角形状坐于烧杯中铺开，用手往复摇动李氏瓶，将瓶中的煤油和水泥的液体倒在滤纸上过滤，往瓶中加入干净的煤油，继续摇动倒在滤纸上，往复几次，直至干净为止，不能用煤油清洗的部分，用铁丝伸入瓶中进行清除，然后用水清洗干净，放入烘箱中烘干，过滤后的煤油应进行回收到棕色瓶中，以备下次使用。

（7）安全与环境保护。

1）安全。严格按照安全操作规程进行试验操作，避免玻璃割伤和煤油火灾发生；佩戴防护用品从事操作。

2）环境保护。试验中所产生的废物排放，应统一按类收集，进行无害化处理。

### 2.1.6 填写试验表格

根据试验结果，填写试验记录表，见表 2.1.6。

### 2.1.7 试验数据处理

水泥试样密度按式（2.1.1）计算，结果精确至 0.01g/cm³。

$$\rho = \frac{m}{V_2 - V_1} \qquad (2.1.1)$$

式中　$\rho$——水泥的密度，g/cm³；

　　　$V_1$——李氏瓶第一次读数，mL；

　　　$V_2$——李氏瓶第二次读数，mL；

　　　$m$——水泥试样的质量，g。

试验结果取两次测定结果的算术平均值，两次测定结果之差不大于 0.02g/cm³。

### 2.1.8 检测结果评定

结论：该水泥的实际密度为 ＿＿＿＿＿＿＿＿g/cm³。

表 2.1.6　　　　　　　　　　　试 验 记 录 表

| 试验编号 | | 试验日期 | | |
|---|---|---|---|---|
| 样品编号 | | 环境条件 | 温度：　　℃ 湿度：　　% | |
| 样品名称 | | 牌号/强度等级 | | |
| 生产日期 | | 试验人员 | | |
| 样品描述 | | 校核人员 | | |
| 检测依据 | | | | |

| | 试验设备名称 | 型 号 规 格 | 编 号 | 使用情况 |
|---|---|---|---|---|
| 主要仪器设备使用情况 | | | | |
| | | | | |
| | | | | |
| | | | | |

| 试验方法 | | | 李氏瓶法 | | | |
|---|---|---|---|---|---|---|

| 试验次数 | 水泥试样质量 $m$/g | 李氏瓶第一次读数 | | 李氏瓶第二次读数 | | 水泥密度 $\rho$/ (g/cm$^3$) | |
|---|---|---|---|---|---|---|---|
| | | 水槽温度 /℃ | $V_1$ /mL | 水槽温度 /℃ | $V_2$ /mL | 单值 | 平均值 |
| 1 | | | | | | | |
| 2 | | | | | | | |

说明：

### 2.1.9　影响测定结果的因素

（1）试验室温度，仪器设备及材料放置于试验室内恒温。

（2）试验过程中试样温度与恒温水槽水的温度不一致。温差较大，会使得在恒温阶段李氏瓶内液体温度与水槽水温不相同。

（3）装入试样过程中装料速度快，物料堵塞瓶颈，操作不够平稳、仔细，部分水泥颗粒黏附在无液体部分瓶壁上，造成试验误差。

（4）排除气泡时，瓶塞未压紧，造成煤油从瓶口飞溅损失。

（5）排除气泡时，气泡排除不够干净。

（6）恒温水槽水温不符合试验要求；两次恒温温度变化较大。

（7）恒温水槽中取、放李氏瓶时，恒温水灌入李氏瓶中，增大了体积读数。

（8）读取刻度数据时，取瓶、读数动作不熟练，耗时较长，使得李氏瓶温度变化较大。

（9）读取刻度数据时，动作不规范。

（10）恒温的整个过程中未及时盖上瓶塞，煤油蒸发，造成体积读数减小。

【学生自评】

小组自评表见表 2.1.7。小组成员自评表见表 2.1.8。

表 2.1.7                                         小 组 自 评 表

| 教学阶段 | 操 作 流 程 | 自评核查结果 | 成绩 |
|---|---|---|---|
| 试验准备 | 1. 取样（5分） | | |
| | 2. 过 0.9mm 筛（5分） | | |
| | 3. 烘干（5分） | | |
| | 4. 检查仪器设备是否运行正常（10分） | | |
| | 5. 正确选择天平（5分） | | |
| | 6. 天平调平、预热、校准（5分） | | |
| 反思纠错 | （准备工作有无错、漏，纠正） | | |
| 试验操作 | 7. 正确称取试样（5分） | | |
| | 8. 李氏瓶中注入适量煤油，恒温后读数（10分） | | |
| | 9. 擦净李氏瓶瓶颈部分煤油（5分） | | |
| | 10. 加入水泥试样，排气，恒温后读数（10分） | | |
| | 11. 回收煤油，清洗李氏瓶（5分） | | |
| 反思纠错 | （试验操作工作中有无错、漏，纠正） | | |
| 数据处理 | 12. 计算水泥密度（10分） | | |
| | 13. 比较两密度值平行差，计算平均值（5分） | | |
| 反思纠错 | （数据处理工作中有无错、漏，纠正） | | |
| 劳动素养 | 清理、归位、关机，完善仪器设备运行记录（10分） | | |
| | 试验操作台及地面清理（5分） | | |
| 总计 | | | |

表 2.1.8                                     小 组 成 员 自 评 表

| 检测任务 | 水泥密度检测 | | 本人 | 小组其他成员 | | |
|---|---|---|---|---|---|---|
| 评价项目 | 评价标准 | 分值 | | 1 | 2 | 3 |
| 时间观念 | 本次检测是否存在迟到早退现象 | 20 | | | | |
| 学习态度 | 积极参与检测任务的准备与实施 | 20 | | | | |
| 专业能力 | 检测准备和实施过程中细心、专业技能和动手能力 | 20 | | | | |
| 沟通协作 | 沟通、倾听、团队协作能力 | 20 | | | | |
| 劳动素养 | 爱护仪器设备、保持环境卫生 | 20 | | | | |
| 小计 | | 100 | | | | |

【小组成果展示】

　　小组派代表介绍从试验准备到结束的全过程，小组中任务的分配、成员合作、检测过程的规范性等，其他小组依据小组成果展示对其进行评价。小组互评表见表 2.1.9，教师综合评价表见表 2.1.10。

表 2.1.9　　　　　　　　　　小 组 互 评 表

| 检测任务 | 水泥密度检测 | |
|---|---|---|
| 评价项目 | 分　值 | 得　分 |
| 课前准备情况 | 20 | |
| 成果汇报 | 20 | |
| 团队合作 | 20 | |
| 工作效率 | 10 | |
| 工作规范 | 10 | |
| 劳动素养 | 20 | |
| 小计 | 100 | |

表 2.1.10　　　　　　　　　　教 师 综 合 评 价 表

| 检测任务 | 水泥密度检测 | | |
|---|---|---|---|
| 评价项目 | 评 价 标 准 | 分值 | 得分 |
| 考勤 | 无迟到、早退、旷课现象 | 20 | |
| 课前 | 课前任务完成情况 | 10 | |
| 课中 | 态度认真、积极主动 | 10 | |
| | 具有安全意识、规范意识 | 10 | |
| | 检测过程规范、无误 | 10 | |
| | 团队协作、沟通 | 10 | |
| | 职业精神 | 10 | |
| | 检测项目完整，操作规范，数据处理方法正确 | 10 | |
| | 作业完成情况 | 10 | |
| 小计 | | 100 | |

**【职业能力训练】**

1. 单项选择题

（1）测定水泥密度所用的液体介质为（　　　）。

A. 花生油　　　　　B. 无水煤油　　　　　C. 酒精　　　　　D. 汽油

（2）水泥密度测试时，应称取水泥试样（　　）g。

A. 20　　　　　　B. 40　　　　　　C. 50　　　　　　D. 60

（3）测定水泥密度时，试验结果取两次测定结果的算术平均值，两次测定结果之差不得超过（　　）g/cm$^3$。

A. 0.01　　　　　B. 0.02　　　　　C. 0.05　　　　　D. 0.1

2. 简答题

（1）水泥密度试验中所用液体介质能否以其他液体代替？

_____

_____

_____

_____

（2）完善水泥密度检测思维导图。

# 任务 2.2　水泥细度性能检测——筛析法

## 【任务描述】

LH 水库的拦河坝分别由土石坝和混凝土坝组成，总长 1148m。中间河床段为混凝土坝，坝长 254.5m，混凝土浇筑 46.86 万 $m^3$。现需对运动场的水泥进行复检。分析检测项目后下达检测项目水泥细度筛余。

请你对水泥细度筛余进行检测。

## 【学习目标】

**知识目标：**

（1）水泥细度性能检测的基本理论知识。

（2）水泥密度性能检测——筛析法仪器主要参数及使用、检验方法、检验结果的计算及处理。

**能力目标：**

（1）能熟练进行水泥细度性能检测——筛析法试验。

（2）能够对检验结果进行正确计算及处理。

（3）学会分析及处理试验中出现的一般问题。

**素质目标：**

培养学生的动手能力和团队协作能力及数据处理的能力。

**思政目标：**

培养学生吃苦耐劳、德技并重的劳动精神和工匠精神。

## 【任务工作单】

工作任务分解表见表 2.2.1。

表 2.2.1　　　　　　　　　工 作 任 务 分 解 表

| 分组编号 | | 日期 | |
|---|---|---|---|

学习任务：水泥细度性能检测——筛析法

任务分解：

1. 查询文献熟悉水泥细度的含义及影响因素。
2. 查阅规范熟悉水泥细度性能检测——筛析法应用的仪器设备、环境因素、操作方法。
3. 查阅规范熟悉水泥细度性能检测——筛析法数据处理。
4. 小组合作完成水泥细度性能检测——筛析法实验操作、原始记录及数据处理。
5. 完善水泥细度性能检测——筛析法思维导图

## 【任务分组】

小组成员组成及任务分工表见表 2.2.2。

表 2.2.2　　　　　　　　　小组成员组成及任务分工表

| 班级 | | 组号 | | 工作任务 | |
|---|---|---|---|---|---|
| 组长 | | 学号 | | 指导教师 | |
| 组员 | 姓名 | 学号 | | 姓名 | 学号 |
| | | | | | |
| | | | | | |
| | | | | | |
| 任务分工 | | | | | |

## 【思维导图】

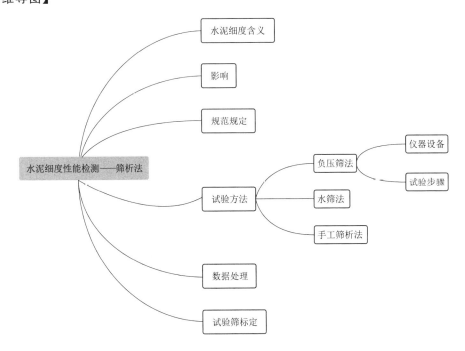

**【获取信息】**

引导问题 1：你查阅了哪些参考文献？请分别列出。查阅文献有哪些收获？

_____

_____

_____

_____

引导问题 2：水泥细度对混凝土性能有什么影响？

_____

_____

_____

_____

引导问题 3：水泥细度有哪几种表示方法？

_____

_____

_____

_____

引导问题 4：筛析法检测水泥细度适用于哪些品种水泥？

_____

_____

_____

_____

**【相关基础知识】**

水泥细度是指水泥颗粒粗细的程度。水泥细度是影响水泥标准稠度用水量、凝结时间、强度和安定性能的重要指标。

颗粒越细，与水反应的表面积越大，水化反应的速度越快，水泥石的早期强度越高，但硬化体的收缩也越大，混凝土发生裂缝的可能性增加，水泥在储运过程中易受潮而降低活性，也会导致水泥生产成本提高。因此，水泥细度应适当。

同时水泥过细，水泥磨产量也会迅速下降，单位产品电耗成倍增加。所以，水泥细度应根据熟料质量、粉磨条件以及所生产的水泥品种、强度等级等因素来确定。

根据国家标准《通用硅酸盐水泥》（GB 175—2023）规定，硅酸盐水泥的细度以比表面积表示，要求其比表面积应不低于 $300\text{m}^2/\text{kg}$，且不高于 $400\text{m}^2/\text{kg}$。普通硅酸盐水泥、矿渣硅酸盐水泥、粉煤灰硅酸盐水泥、火山灰质硅酸盐水泥和复合硅酸盐水泥的细度以 $45\mu m$ 方孔筛筛余表示，应不低于 5%。当买方有特殊要求时，由买卖双方协商确定。

**【检测任务实施】**

### 2.2.1 试验目的

通过控制水泥细度来保证水泥的活性，以控制水泥的质量。

### 2.2.2 试验方法

负压筛法。

### 2.2.3 试验依据

《水泥细度检验方法 筛析法》（GB/T 1345—2005）。

### 2.2.4 检测仪器设备

（1）负压筛析仪（图 2.2.1）。负压筛析仪由筛底、负压筛负压源及收尘器组成，其中筛底由转速（30±2）r/min 的喷气嘴、负压表、控制板、微电机及壳体等部分组成。筛析仪负压可调范围为 4000～6000Pa。

（2）天平。最小分度值不大于 0.01g。

（3）毛刷。

### 2.2.5 试验前准备工作

（1）负压筛析仪负压能否达到 4000～6000Pa 范围内。

（2）负压筛校正。

### 2.2.6 试验操作步骤

（1）水泥取样。

按水泥取样方法取样。

（2）过筛后烘干冷却。

图 2.2.1 负压筛

过筛：水泥样品应充分拌匀，通过 0.9mm 方孔筛，记录筛余物情况，过筛时要防止混进其他水泥。

烘干冷却：在（110±5）℃温度下干燥 1h，并在干燥器内冷却至室温。

（3）检查仪器设备。

筛析试验前，应把负压筛放在筛座上，盖上筛盖，接通电源，检查控制系统，调节负压至 4000～6000Pa 范围内。

（4）称取试样。

称取水泥试样 10g，精确至 0.01g。

（5）负压筛筛析。

将称取好的水泥试样置于洁净的负压筛中，盖上筛盖，将负压筛放在筛座上，开动负压筛析仪连续筛析 2min，在筛析过程中如有试样附着在筛盖上，可轻轻地敲击，使试样落到负压筛中。

（6）称取筛余物质量。

筛毕，取下筛子，用天平称取负压筛上筛余物的质量，精确至 0.01g。

（7）重复以上试验步骤，试验完毕关闭电源，清理仪器设备。

根据试验结果，填写试验记录表，见表 2.2.3。

表 2.2.3　　　　　　　　　　试 验 记 录 表

| 试验编号 | | 试验日期 | | |
|---|---|---|---|---|
| 样品编号 | | 环境条件 | 温度：　　℃ 湿度：　　% | |
| 样品名称 | | 牌号/强度等级 | | |
| 生产日期 | | 试验人员 | | |
| 样品描述 | | 校核人员 | | |
| 检测依据 | | | | |

| 主要仪器设备使用情况 | 试验设备名称 | 型号规格 | 编号 | 使用情况 |
|---|---|---|---|---|
| | | | | |
| | | | | |
| | | | | |

| 试验方法 | | 负压筛析法 | | | | |
|---|---|---|---|---|---|---|
| 试验次数 | 试样质量 m/g | 筛余物质量 $R_s$/g | 筛余百分数 | | 修正系数 | 修正后筛余百分数/% |
| | | | 单值 | 平均值 | | |
| 1 | | | | | | |
| 2 | | | | | | |

结论：

### 2.2.7　试验数据处理

水泥试样筛余百分数按式（2.2.1）计算，计算结果精确至 0.1%。

$$F = \frac{R_s}{m} \times 100\%$$ （2.2.1）

式中　$F$——水泥试样的筛余百分数，%；

$R_s$——水泥筛余物的质量，g；

$m$——水泥试样的质量，g。

### 2.2.8　筛余结果的修正

为使试验结果具有可比性，应采用试验筛修正系数来修正计算结果。

用筛余修正系数修正筛余结果计算公式：

$$F_c = F \cdot C$$ （2.2.2）

式中　$F_c$——水泥试样修正后的筛余百分数，%；

$C$——试验筛修正系数；

$F$——水泥试样修正前的筛余百分数，%。

计算结果填入表 2.2.3 水泥细度试验记录表（筛析法）。

#### 2.2.9 合格性评定

每个样品应称取两个试样分别筛析，取筛余平均值为筛析结果。

根据国家标准《通用硅酸盐水泥》（GB 175—2023）评定是否合格。《通用硅酸盐水泥》（GB 175—2023）规定：水泥筛余百分数 $F \geqslant 5\%$ 为细度合格。

经修正后的筛余结果，若两次筛余结果绝对误差大于 0.5%时（筛余值大于5.0%时可放至 1.0%）应再做一次试验，取两次相近结果的算术平均值，作为最终结果。

评定结论填入表 2.2.3 水泥细度试验记录表（筛析法）。

注意：

（1）试验前应将带盖的干筛放在干筛座上，接通电源，检查负压、密封情况和控制系统等一切正常后，方能开始正式试验。

（2）负压筛工作时，应保持水平，避免外界振动和冲击。

（3）试验前还要认真检查被测样品，不得受潮、结块或混有其他杂质。

（4）如连续使用时间过长时（一般超过 30 个样品时），应检查负压值是否正常，如不正常，可将吸尘器卸下，打开吸尘器，将筒内灰尘和过滤布袋附着的灰尘等清理干净，使负压恢复正常。

（5）试验完毕，须将筛子清刷干净，保持干燥。清刷方法是用毛刷在试验筛的正、反两面刷几下，清理筛余物，但每个试验后在试验筛的正反面刷的次数应相同，否则会影响筛析结果。

（6）使用筛要经常进行检查，筛网必须完整没有损坏，筛子边缘接缝处必须严密，绝大部分筛孔畅通，没有堵塞。对常用筛子（包括更新筛子时）要定期进行校验，校验用的标准粉由建材院水泥所供应。

【学生自评】

小组自评表见表 2.2.4。小组成员自评表见表 2.2.5。

表 2.2.4　　　　　　　　　　　小 组 自 评 表

| 检测任务 | 水泥细度性能检测——筛析法 | | |
|---|---|---|---|
| 教学阶段 | 操 作 流 程 | 自评核查结果 | 成绩 |
| 试验准备 | 1. 取样（5分） | | |
| | 2. 过 0.9mm 筛（5分） | | |
| | 3. 烘干（5分） | | |
| | 4. 检查仪器负压筛析仪是否运行正常（10分） | | |
| | 5. 正确选择天平（5分） | | |
| | 6. 天平调平、预热、校准（5分） | | |
| 反思纠错 | （准备工作有无错、漏，纠正） | | |
| 试验操作 | 7. 正确称取试样（5分） | | |
| | 8. 筛析：时间 2 分钟（5分） | | |
| | 9. 轻轻敲击（5分） | | |
| | 10. 称取筛余物，并记录试验数据（10分） | | |

续表

| 检测任务 | 水泥细度性能检测——筛析法 | | |
|---|---|---|---|
| 反思纠错 | （试验操作工作有无错、漏，纠正） | | |
| 数据处理 | 11. 计算筛余百分数（10 分） | | |
| | 12. 筛余结果修正（5 分） | | |
| | 13. 合格性判定（10 分） | | |
| 反思纠错 | （数据处理工作有无错、漏，纠正） | | |
| 劳动素养 | 清理、归位、关机，完善仪器设备运行记录（10 分） | | |
| | 试验操作台及地面清理（5 分） | | |
| | 小计 | | |

表 2.2.5　　　　　　　　　　小 组 成 员 自 评 表

| 检测任务 | 水泥细度性能检测——筛析法 | | 本人 | 小组其他成员 | | |
|---|---|---|---|---|---|---|
| 评价项目 | 评价标准 | 分值 | | 1 | 2 | 3 |
| 时间观念 | 本次检测是否存在迟到早退现象 | 20 | | | | |
| 学习态度 | 积极参与检测任务的准备与实施 | 20 | | | | |
| 专业能力 | 检测准备和实施过程中细心、专业技能和动手能力 | 20 | | | | |
| 沟通协作 | 沟通、倾听、团队协作能力 | 20 | | | | |
| 劳动素养 | 爱护仪器设备、保持环境卫生 | 20 | | | | |
| | 小计 | 100 | | | | |

【小组成果展示】

小组派代表介绍从试验准备到结束的全过程，小组中任务的分配、成员合作、检测过程的规范性等，其他小组依据小组成果展示对其进行评价。小组互评表见表 2.2.6。教师综合评价表见表 2.2.7。

表 2.2.6　　　　　　　　　　小 组 互 评 表

| 检测任务 | 水泥细度性能检测——筛析法 | |
|---|---|---|
| 评价项目 | 分　　值 | 得　　分 |
| 课前准备情况 | 20 | |
| 成果汇报 | 20 | |
| 团队合作 | 20 | |
| 工作效率 | 10 | |
| 工作规范 | 10 | |
| 劳动素养 | 20 | |
| 小计 | 100 | |

表 2.2.7                          教 师 综 合 评 价 表

| 检测任务 | 水泥细度性能检测——筛析法 | | |
|---|---|---|---|
| 评价项目 | 评 价 标 准 | 分值 | 得分 |
| 考勤 | 无迟到、早退、旷课现象 | 20 | |
| 课前 | 课前任务完成情况 | 10 | |
| 课中 | 态度认真、积极主动 | 10 | |
| | 具有安全意识、规范意识 | 10 | |
| | 检测过程规范、无误 | 10 | |
| | 团队协作、沟通 | 10 | |
| | 职业精神 | 10 | |
| | 检测项目完整，操作规范，数据处理方法正确 | 10 | |
| | 作业完成情况 | 10 | |
| 小计 | | 100 | |

**【职业能力训练】**

1. 单项选择题

(1) 复合硅酸盐水泥细度的 0.045mm 方孔筛筛余不得小于（      ）%。

A. 5.0            B. 6.0            C. 8.0            D. 10.0

(2) 目前水泥试验主要采用（      ）筛析试验方法检测水泥的细度。

A. 手筛          B. 水筛          C. 吊筛          D. 负压筛

(3)（      ）水泥的细度用筛余表示。

A. 硅酸盐水泥和普通硅酸盐水泥          B. 硅酸盐水泥和复合硅酸盐水泥

C. 矿渣硅酸盐水泥和硅酸盐水泥          D. 粉煤灰硅酸盐水泥和矿渣硅酸盐水泥

2. 判断题

(1) 水泥细度试验中，如果负压筛法与水筛法测定结果发生争议时，以负压筛法为准。（      ）

(2) 采用负压筛析法测定水泥的细度，不需要进行筛余结果的修正。（      ）

3. 简答题

(1) 如何评定筛析法检测水泥细度合格？

_____

_____

_____

(2) 水泥细度的影响因素有哪些？

_____

_____

_____

（3）当负压筛法、水筛法、手工干筛法测定结果发生争议时，以哪种方法为准？

_____

_____

_____

（4）完善水泥细度性能检测——筛析法思维导图。

4. 数据处理题

在一次水泥细度的检测过程中，共进行两次平行试验。第一次试验的试样量为
10.00g，筛余量为 0.56g；第二次的试样量为 10.00g，筛余量为 0.61g。筛子的修正
系数为 1.12，计算该水泥样品的细度。

拓展阅读

水泥试验筛
的标定方法

_____

_____

_____

_____

_____

_____

# 任务 2.3 水泥细度性能检测——勃氏法

【任务描述】

LH 水库的拦河坝分别由土石坝和混凝土坝组成，总长 1148m。中间河床段为混
凝土坝，坝长 254.5m，混凝土浇筑 46.86 万 m³。现需对运动场的水泥进行复检。分
析检测项目后下达检测项目水泥细度筛余。

请你对水泥细度进行检测。

【学习目标】

知识目标：

（1）水泥比表面积的基本理论知识。

（2）水泥细度性能检测——勃氏法仪器主要参数及使用、检验方法、检验结果数据处理。

**能力目标：**

（1）能熟练进行水泥细度性能检测——勃氏法试验。

（2）能够对检验结果进行正确计算及处理。

（3）对试验中出现的一般问题学会分析及处理。

**素质目标：**

（1）培养学生的动手能力和团队协作能力及数据处理的能力。

（2）树立安全意识，遵守操作规程。

**思政目标：**

培养学生吃苦耐劳、德技并重的劳动精神和工匠精神。树立安全意识，遵守操作规程。

## 【任务工作单】

工作任务分解表见表 2.3.1。

表 2.3.1 　　　　　　　　　　　工 作 任 务 分 解 表

| 分组编号 | | 日期 | |
|---|---|---|---|
| 学习任务：水泥细度性能检测——勃氏法 | | | |
| 任务分解：<br>1. 查询文献熟悉水泥比表面积基础知识。<br>2. 查阅规范熟悉水泥细度性能检测——勃氏法应用的仪器设备、环境因素、操作方法。<br>3. 查阅规范熟悉水泥细度性能检测——勃氏法数据处理。<br>4. 小组合作完成水泥细度性能检测——勃氏法实验操作、原始记录及数据处理。<br>5. 完善水泥细度性能检测——勃氏法思维导图 | | | |

## 【任务分组】

小组成员组成及任务分工表见表 2.3.2。

表 2.3.2 　　　　　　　　小组成员组成及任务分工表

| 班级 | | 组号 | | 工作任务 | |
|---|---|---|---|---|---|
| 组长 | | 学号 | | 指导教师 | |
| 组员 | 姓名 | 学号 | 姓名 | 学号 | |
| | | | | | |
| | | | | | |
| | | | | | |
| 任务分工 | | | | | |

**【思维导图】**

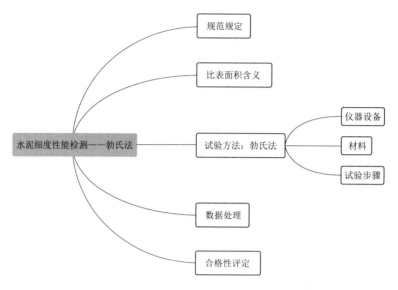

**【获取信息】**

引导问题 1：你查阅了哪些参考文献？请分别列出。查阅文献有哪些收获？

_____

_____

_____

_____

_____

_____

引导问题 2：勃氏法检测水泥细度适用于哪些品种水泥？

_____

_____

_____

_____

引导问题 3：水泥细度性能检测——勃氏法试验环境要求？

_____

_____

_____

_____

**【相关基础知识】**

水泥比表面积是指单位质量水泥颗粒所具有的表面积之和，是水泥细度的表示方法之一。水泥比表面积越大，水泥颗粒越细；反之，水泥颗粒越粗。水泥颗粒过细或过粗都会影响水泥性能的发挥，不仅直接影响水泥的水化凝结硬化速率、强度、需水性等，且会影响企业的产量和成本。控制好水泥比表面积，有利于发挥水泥的活性，提高企业的经济效益。

国家标准《通用硅酸盐水泥》（GB 175—2023）规定，硅酸盐水泥的细度以比表面积表示，要求其比表面积应不低于 $300m^2/kg$，且不高于 $400m^2/kg$。

水泥比表面积以平方厘米每克（$cm^2/g$）或平方米每千克（$m^2/kg$）来表示。

测定水泥比表面积采用勃氏法，其检测依据《水泥比表面积测定方法　勃氏法》（GB/T 8072—2008）。此试验方法原理是根据一定量的空气通过具有一定空隙率和固定厚度的水泥层时，所受阻力不同而引起流速的变化来测定水泥的比表面积。在一定空隙率的水泥层中，空隙的大小和数量是颗粒尺寸的函数，同时也决定了通过料层的气流速度。

勃氏法测定水泥比表面积采用勃氏透气仪，有手动和自动两种。国字标准规定，当同一水泥样品用手动勃氏透气仪与自动勃氏透气仪测定结果有争议时，以手动勃氏透气仪测定结果为准。

水泥比表面积检测是一项比较精细的检测任务，可能受到"环机料人"等各种因素的影响，导致检测结果存在偏差。为了确保检测结果的准确性，检测过程必须要保证适宜、可控的检测环境、精准的仪器设备、经规范化处理的样品以及专业的检测人员；并且水泥比表面积检测过程中所用的仪器设备和物料至少要提前24h进入实验室，以减小仪器设备和物料的温湿度与实验室温湿度的差别带来的干扰，保证检测结果真实可靠。

【检测任务实施】

## 2.3.1　试验设备

1. 勃氏透气仪

本方法采用的勃氏比表面积透气仪，分手动和自动（图 2.3.1）两种，均应符合 JC/T 956 的要求。

2. 烘干箱

控制温度灵敏度±1℃。

3. 分析天平

分度值为 0.001g。

4. 秒表

精确至 0.5s。

## 2.3.2　试验材料

1. 水泥样品

水泥样品按《水泥取样方法》（GB 12573—2008）进行取样，先通过 0.9mm 方孔筛，再在（110±5）℃下烘干 1h，并在干燥器中冷却至室温。

2. 水泥标准样品

《水泥细度和比表面积标准样品》（GSB 14 - 1511 - F05—2022）或相同等级的标准物质。有争议时以 GSB 14 - 1511 - F05—2022 为准。

图 2.3.1　自动勃氏透气仪

3. 压力计液体

采用带有颜色的蒸馏水或直接采用无色蒸馏水。

4. 滤纸

采用符合《化学分析滤纸》（GB/T 1914—2017）的中速定量滤纸。

5. 汞

分析纯汞。

### 2.3.3 试验室条件

相对湿度不大于 50%。

### 2.3.4 操作步骤

1. 测定水泥密度

测定水泥密度步骤和数据处理参考本模块中的任务 2.1。

2. 勃氏透气仪漏气检查

将透气圆筒上口用橡皮塞塞紧，接到压力计上。用抽气装置从压力计一臂中抽出部分气体，然后关闭阀门，观察是否漏气。如发现漏气，可用活塞油脂加以密封。不漏气的标准为在密封的情况下，压力计内的液面在 3min 内不下降。

3. 比表面积圆筒试料层体积的测定

测定方法为水银排代法，其具体操作步骤参见本任务后面拓展阅读。

4. 空隙率的确定

P·Ⅰ、P·Ⅱ型硅酸盐水泥的空隙率采用 $0.500\pm0.005$。当按上述空隙率不能将试样压至试料层制备所规定的位置时，则允许改变空隙率。

空隙率的调整以 2000g 砝码（5 等砝码）将试样压实至试料层制备所规定的位置为准。

5. 确定水泥试样量

水泥试样量按式（2.3.1）计算：

$$m = \rho V (1 - \varepsilon) \qquad (2.3.1)$$

式中　　$m$——需要的试样量，g；

　　　　$\rho$——试样密度，g/cm³；

　　　　$V$——试料层体积 cm³；

　　　　$\varepsilon$——试料层空隙率。

6. 试料层制备

（1）称取试样：称取需要的试样量，精确到 0.001g。

（2）将试样装入透气圆筒，并捣实试样。

将穿孔板放入透气圆筒的突缘上，用捣棒把一片滤纸放到穿孔板上，边缘放平并压紧。把称取的试样，倒入圆筒。轻敲圆筒的边，使水泥层表面平坦。再放入一片滤纸，用捣器均匀捣实试样直至捣器的支持环与圆筒顶边接触，并旋转 1～2 圈，慢慢取出捣器。

穿孔板上的滤纸为 2.7mm 边缘光滑的圆形滤纸片。每次测定需用新的滤纸片。

7. 透气试验

（1）把装有试料层的透气圆筒下锥面涂一薄层活塞油脂，然后把它插入压力计顶端锥型磨口处，旋转 1～2 圈。要保证紧密连接不致漏气，并不振动所制备的试料层。

（2）打开微型电磁泵慢慢从压力计一臂中抽出空气，直到压力计内液面上升到扩大部下端时关闭阀门。当压力计内液体的凹月面下降到第三条刻度线时开始计时（图 2.3.2），且液体的凹月面下降到第二条刻度线时停止计时，记录液面从第三条刻度线到第二条刻度线所需的时间。以秒记录，并记录下试验时的温度（℃）。每次透气试验，应重新制备试料层。

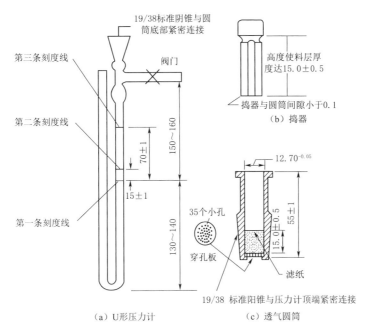

图 2.3.2　比表面积 U 形压力计示意图（单位：mm）

### 2.3.5　计算

（1）当被测试样的密度、试料层中空隙率与标准样品相同，试验时的温度与校准温度之差不大于 3℃时，可按式（2.3.2）计算：

$$S=\frac{S_s\sqrt{T}}{\sqrt{T_s}} \qquad (2.3.2)$$

如试验时的温度与校准温度之差大于 3℃时，则按式（2.3.3）计算：

$$S=\frac{S_s\sqrt{\eta_s}\sqrt{T}}{\sqrt{\eta}\sqrt{T_s}} \qquad (2.3.3)$$

式中　$S$——被测试样的比表面积，$cm^2/g$；

$S_s$——标准样品的比表面积，$cm^2/g$；

$T$——被测试样试验时，压力计中液面降落测得的时间，s；

$T_s$——标准样品试验时，压力计中液面降落测得的时间，s；

$\eta$——被测试样试验温度下的空气黏度，$\mu Pa\cdot s$；

$\eta_s$——标准样品试验温度下的空气黏度，$\mu Pa\cdot s$。

（2）当被测试样的试料层中空隙率与标准样品试料层中空隙率不同，试验时的温度与校准温度之差不大于 3℃时，可按式（2.3.4）计算：

$$S = \frac{S_s \sqrt{T}(1-\varepsilon_s)\sqrt{\varepsilon^3}}{\sqrt{T_s}(1-\varepsilon)\sqrt{\varepsilon_s^3}} \tag{2.3.4}$$

如试验时的温度与校准温度之差大于 3℃时，则按式（2.3.5）计算：

$$S = \frac{S_s \sqrt{\eta_s}\sqrt{T}(1-\varepsilon_s)\sqrt{\varepsilon^3}}{\sqrt{\eta}\sqrt{T_s}(1-\varepsilon)\sqrt{\varepsilon_s^3}} \tag{2.3.5}$$

式中　$\varepsilon$——被测试样试料层中的空隙率；

　　　$\varepsilon_s$——标准样品试料层中的空隙率。

（3）当被测试样的密度和空隙率均与标准样品不同，试验时的温度与校准温度之差不大于 3℃时，可按式（2.3.6）计算：

$$S = \frac{S_s \rho_s \sqrt{T}(1-\varepsilon_s)\sqrt{\varepsilon^3}}{\rho \sqrt{T_s}(1-\varepsilon)\sqrt{\varepsilon_s^3}} \tag{2.3.6}$$

如试验时的温度与校准温度之差大于 3℃时，则按式（2.3.7）计算：

$$S = \frac{S_s \rho_s \sqrt{\eta_s}\sqrt{T}(1-\varepsilon_s)\sqrt{\varepsilon^3}}{\rho \sqrt{\eta}\sqrt{T_s}(1-\varepsilon)\sqrt{\varepsilon_s^3}} \tag{2.3.7}$$

式中　$\rho$——被测试样的密度，$g/cm^3$；

　　　$\rho_s$——标准样品的密度，$g/cm^3$。

### 2.3.6　结果处理

（1）水泥比表面积应由二次透气试验结果的平均值确定。如二次试验结果相差 2% 以上时，应重新试验。计算结果保留至 $10cm^2/g$。

（2）当同一水泥用手动勃氏透气仪测定的结果与自动勃氏透气仪测定的结果有争议时，以手动勃氏透气仪测定结果为准。

### 2.3.7　填写试验记录表

根据试验结果，填写试验记录表，见表 2.3.3。

### 2.3.8　合格性评定

根据国家标准《通用硅酸盐水泥》（GB 175—2023）评定是否合格。

国家标准《通用硅酸盐水泥》（GB 175—2023）规定，硅酸盐水泥的细度以比表面积表示，应不低于 $300m^2/kg$，且不高于 $400m^2/kg$。

评定结论填入表 2.3.3。

注意：

（1）水泥样品必须按照标准要求进行取样和制备，以确保测定结果准确可靠。

（2）干燥过程中要注意不要超时或超温，否则会影响样品质量和测定结果。

（3）测定过程中要保持勃氏仪水平度，并注意避免空隙和堆积现象的出现。

（4）测定前必须清洗仪器和干燥样品，以排除其中的空气和杂质对测定结果产生影响。

（5）测定过程中要注意操作规范，避免误操作和测量误差的出现。

表 2.3.3　　　　　　　　　试 验 记 录 表

| 试验编号 | | 试验日期 | | |
|---|---|---|---|---|
| 样品编号 | | 环境条件 | 温度：　℃ 湿度：　% | |
| 样品名称 | | 牌号/强度等级 | | |
| 生产日期 | | 试验人员 | | |
| 样品描述 | | 校核人员 | | |
| 检测依据 | | | | |

| 主要仪器设备使用情况 | 试验设备名称 | 型号规格 | 编号 | 使用情况 |
|---|---|---|---|---|
| | | | | |
| | | | | |
| | | | | |

| 试验方法 | | 勃氏法 | |
|---|---|---|---|
| 试验温度 | ℃　校准温度　℃ | 试验温度下空气黏度/($\mu$Pa·s) | |

标准样品

| 试验次数 | 试料层体积/cm³ | 密度/(g/cm³) | 空隙率 | 样品质量/g | 液面降落时间/s | 标准时间/s |
|---|---|---|---|---|---|---|
| 1 | | | | | | |
| 2 | | | | | | |

被测样品

| 试验次数 | 密度/(g/cm³) | 空隙率 | 样品质量/g | 液面降落时间/s | 比表面积/(m²/kg) | 比表面积平均值/(m²/kg) |
|---|---|---|---|---|---|---|
| 1 | | | | | | |
| 2 | | | | | | |

结论：

【学生自评】

小组自评表见表 2.3.4，小组成员自评表见表 2.3.5。

表 2.3.4　　　　　　　　　小 组 自 评 表

| 教学阶段 | 操 作 流 程 | 自评核查结果 | 成绩 |
|---|---|---|---|
| 试验准备 | 1. 取样，过 0.9mm 筛（5分） | | |
| | 2. 烘干、冷却（5分） | | |
| | 3. 准备试验设备及材料（5分） | | |
| | 4. 正确选择天平（5分） | | |
| | 5. 天平调平、预热、校准（5分） | | |
| 反思纠错 | （准备工作有无错、漏，纠正） | | |

续表

| 教学阶段 | 操作流程 | 自评核查结果 | 成绩 |
|---|---|---|---|
| 试验操作 | 6. 透气检查（10 分） | | |
| | 7. 样品空隙率确定（5 分） | | |
| | 8. 样品试样量（5 分） | | |
| | 9. 试料层制备（10 分） | | |
| | 10. 透气试验（10 分） | | |
| 反思纠错 | （试验操作工作有无错、漏，纠正） | | |
| | 11. 计算被测试样比表面积（10 分） | | |
| | 12. 比较平行差，计算平均值（5 分） | | |
| | 13. 合格性判定（5 分） | | |
| 反思纠错 | （数据处理工作有无错、漏，纠正） | | |
| 劳动素养 | 清理、归位、关机，完善仪器设备运行记录（10 分） | | |
| | 试验操作台及地面清理（5 分） | | |
| 小计 | | | |

表 2.3.5　　　　　　　　　　小 组 成 员 自 评 表

| 检测任务 | 水泥细度性能检测——勃氏法 | | 本人 | 小组其他成员 | | |
|---|---|---|---|---|---|---|
| 评价项目 | 评价标准 | 分值 | | 1 | 2 | 3 |
| 时间观念 | 本次检测是否存在迟到早退现象 | 20 | | | | |
| 学习态度 | 积极参与检测任务的准备与实施 | 20 | | | | |
| 专业能力 | 检测准备和实施过程中细心、专业技能和动手能力 | 20 | | | | |
| 沟通协作 | 沟通、倾听、团队协作能力 | 20 | | | | |
| 劳动素养 | 爱护仪器设备、保持环境卫生 | 20 | | | | |
| 小计 | | 100 | | | | |

## 【小组成果展示】

小组派代表介绍从试验准备到结束的全过程，小组中任务的分配、成员合作、检测过程的规范性等，其他小组依据小组成果展示对其进行评价。小组互评表见表2.3.6，教师综合评价表见表2.3.7。

表 2.3.6　　　　　　　　　　小 组 互 评 表

| 检 测 任 务 | 水泥细度性能检测——勃氏法 | |
|---|---|---|
| 评价项目 | 分　值 | 得　分 |
| 课前准备情况 | 20 | |
| 成果汇报 | 20 | |
| 团队合作 | 20 | |
| 工作效率 | 10 | |
| 工作规范 | 10 | |
| 劳动素养 | 20 | |
| 小计 | 100 | |

表 2.3.7 　　　　　　　　　　 教 师 综 合 评 价 表

| 检测任务 | 水泥细度性能检测——勃氏法 | | |
|---|---|---|---|
| 评价项目 | 评 价 标 准 | 分值 | 得分 |
| 考勤 | 无迟到、早退、旷课现象 | 20 | |
| 课前 | 课前任务完成情况 | 10 | |
| 课中 | 态度认真、积极主动 | 10 | |
| | 具有安全意识、规范意识 | 10 | |
| | 检测过程规范、无误 | 10 | |
| | 团队协作、沟通 | 10 | |
| | 职业精神 | 10 | |
| | 检测项目完整，操作规范，数据处理方法正确 | 10 | |
| | 作业完成情况 | 10 | |
| 小计 | | 100 | |

拓展阅读

勃氏透气比
表面积测定
仪试料层体
积标定

# 任务 2.4　水泥标准稠度用水量检测

## 【任务描述】

LH 水库的拦河坝分别由土石坝和混凝土坝组成，总长 1148m。中间河床段为混凝土坝，坝长 254.5m，混凝土浇筑 46.86 万 m³。现需对运动场的水泥进行复检。分析检测项目后下达检测项目水泥标准稠度用水量。

请你对水泥标准稠度用水量进行检测。

## 【学习目标】

知识目标：

（1）水泥标准稠度用水量检测的基本理论知识。

（2）水泥标准稠度用水量仪器主要参数及使用、检验方法、检验结果的计算及处理。

能力目标：

（1）能熟练进行水泥标准稠度用水量试验。

（2）能够对检验结果进行正确计算及处理。

（3）对试验中出现的一般问题学会分析及处理。

素质目标：

（1）培养学生的动手能力和团队协作能力及数据处理的能力。

（2）树立安全意识，遵守操作规程。

思政目标：

培养学生吃苦耐劳、德技并重的劳动精神和工匠精神。树立安全意识，遵守操作规程。

## 【任务工作单】

工作任务分解表见表 2.4.1。

表 2.4.1                      **工 作 任 务 分 解 表**

| 分组编号 | | 日期 | |
|---|---|---|---|

学习任务：水泥标准稠度用水量检测

任务分解：
1. 查询文献熟悉水泥标准稠度用水量的含义及影响因素。
2. 查阅规范熟悉水泥标准稠度用水量应用的仪器设备、环境因素、操作方法。
3. 查阅规范熟悉水泥标准稠度用水量检测数据处理。
4. 小组合作完成水泥标准稠度用水量检测实验操作、原始记录及数据处理。
5. 完善水泥标准稠度用水量检测思维导图。

## 【任务分组】

小组成员组成及任务分工表见表 2.4.2。

表 2.4.2                    **小组成员组成及任务分工表**

| 班级 | | 组号 | | 指导教师 | |
|---|---|---|---|---|---|
| 组长 | | 学号 | | | |
| 组员 | 姓名 | 学号 | | 姓名 | 学号 |
| | | | | | |
| | | | | | |
| | | | | | |
| 任务分工 | | | | | |

## 【思维导图】

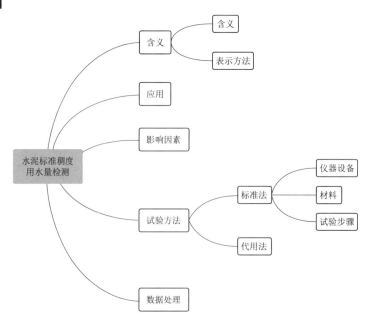

**【获取信息】**

引导问题 1：你查阅了哪些参考文献？请分别列出。查阅文献有哪些收获？

_____

_____

_____

_____

_____

引导问题 2：水泥标准稠度用水量有什么应用？

_____

_____

_____

_____

引导问题 3：水泥标准稠度用水量检测有哪几种方法？

_____

_____

_____

_____

_____

**【相关基础知识】**

在拌制水泥净浆、砂浆以及混凝土时，都必须加入一定量的水。加入的水有两方面的作用，一是与水泥颗粒发生水化反应，使水泥净浆、砂浆或混凝土凝结硬化，产生强度；二是使水泥净浆、砂浆或混凝土具有一定的可塑性和流动性，便于试验成型及施工操作。实验证明：水泥颗粒水化硬化过程所需的水量比较少，大约只需水泥质量的 20% 左右，而为了满足试验成型和施工操作，使水泥净浆、砂浆或混凝土达到一定的可塑性和流动性所需的水量就要多得多。例如，通用硅酸盐水泥净浆的标准稠度用水量一般为水泥质量的 22%～32%，《通用硅酸盐水泥》（GB 175—2023）水泥标准中胶砂成型用水量一般为水泥质量的 50%～52%。这些水对水泥水化硬化来讲是过多的，大量的游离水分，终会蒸发和散失掉，在硬化体中留下无数的细微空隙。这不仅降低了砂浆、混凝土的强度，而且水分蒸发时会使砂浆、混凝土的体积产生收缩，严重时会使构筑物产生收缩裂缝，大大降低了构筑物的耐久性。因此，在保证砂浆、混凝土施工操作必需的可塑性和流动性用水的前提下，要求砂浆、混凝土的拌和水量越少越好。

水泥加水后，用规范规定的方法搅拌，使水泥净浆达到特定的可塑性状态时的拌和用水量，称为水泥标准稠度用水量。用拌和水质量和水泥质量之比的百分数表示。这里的水主要用于克服水泥颗粒之间的摩擦力。

水泥净浆标准稠度用水量一般在 22%～32% 之间。水泥熟料矿物成分、细度、混合材料的种类和掺量不同时，其标准稠度用水量也有差别。国家相关标准规定，水泥标准稠度用水量可采用试验方法来确定。

影响水泥净浆标准稠度用水量的因素主要有熟料矿物组成、水泥粉磨细度、水泥中混合材料种类及其掺加量。熟料矿物铝酸三钙（$C_3A$）的需水性较大，硅酸二钙（$C_2S$）的需水性较小。熟料中游离氧化钙含量及碱含量高，均使需水性增大。水泥粉磨细度越细，需水性也越大。如果所使用的水泥混合材料含有大量孔隙，比如硅藻土、烧黏土、沸石等，掺加量大则会使水泥需水性显著增大。

水泥标准稠度用水量时的水泥净浆可用做凝结时间及安定性试件，另外水泥标准稠度用水量还能间接反映水泥的比表面积情况。水泥标准稠度用水量的多少，不能是评定水泥合格与否的指标，但此参数的检测却影响到水泥另外两个重要参数：安定性、凝结时间的检测结果，从而间接地影响水泥质量的最终判定。因此测定水泥标准稠度用水量检测是测定水泥安定性和凝结时间的重要前提。

【检测任务实施】

### 2.4.1 试验目的及方法

测定水泥浆具有标准稠度时需要的加水量，作为水泥凝结时间、体积安定性试验时，拌和水泥净浆加水量的依据。

水泥标准稠度用水量的检测方法：标准法。

### 2.4.2 试验依据

《水泥标准稠度用水量、凝结时间、安定性检验方法》（GB/T 1346—2024）

### 2.4.3 检测仪器

1. 水泥净浆搅拌机

符合《水泥净浆搅拌机》（JC/T 729—2005）的要求，通过减小搅拌翅和搅拌锅之间间隙，可以制备更加均匀的净浆。水泥净浆搅拌机如图 2.4.1 所示。

图 2.4.1　水泥净浆搅拌机

2. 标准法维卡仪

标准稠度试杆由有效长度为（50±1）mm直径为（10±0.05）mm的圆柱形耐磨腐蚀金属制成，滑动部分的总质量为（300±1）g。

盛装水泥净浆的试模深为（40±0.2）mm，顶内径为（65±0.5）mm，底内径为（75±0.5）mm的截圆锥体。每个试模应配备一个边长或直径为 100mm 厚度 4~5mm 的平板玻璃底板或金属底板。标准法维卡仪如图 2.4.2 所示。

3. 量水器和滴定管

量水器最小刻度为 0.1mL。

4. 电子天平

天平称量为 1000g，精度为 1g。

### 2.4.4 试验用材料

1. 试验用水

试验用水应是洁净的饮用水，如有争议时应以蒸馏水为准。试验用水温度应与实

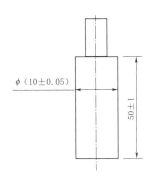

（a）维卡仪　　　　　　　　（b）标准稠度试杆（单位：mm）

图 2.4.2　标准法维卡仪

验室温度一致。

2. 试验用水泥

水泥试样应充分拌匀，通过 0.9mm 方孔筛并记录筛余物情况。试样温度应与实验室温度一致。

## 2.4.5　试验环境条件

试验室温度：温度 20℃±2℃，相对湿度应不低于 50%。

## 2.4.6　检测前准备工作

仪器和用具的温度应与实验室一致。

维卡仪调试：维卡仪的滑动杆能自由滑动。

试模、玻璃板：试模和玻璃板用湿布擦拭，将试模放在底板上。

维卡仪调零：调整至试杆接触玻璃板时指针对准零点，如图 2.4.3 所示。

水泥净浆搅拌机调试：水泥净浆搅拌机运行正常。

## 2.4.7　试验步骤（标准法）

（1）试验时称取 500g 水泥试样。

（2）量水：依据水泥的品种、细度等量适量水。

（3）用湿布擦拭搅拌锅和搅拌叶片。

（4）把量好的拌和水倒入搅拌锅中，在 5～10s 内将称好的 500g 水泥加入水中，倒入时需小心，防止水和水泥溅出。

（5）水泥净浆的拌制。

先将搅拌锅放在搅拌机的锅座上，升至搅拌位置，启动搅拌机，低速搅拌 120s，停 15s，接着高速搅拌 120s 停机。

在停止搅拌的 15s 内，将叶片和锅壁上的水泥浆刮入锅中间。

图 2.4.3　维卡仪试针调零

63

（6）标准稠度用水量的测定。

水泥净浆装模：拌和结束后，立即取适量水泥净浆一次性装入已置于玻璃底板上的试模中，浆体超过试模上端，用宽约 25mm 的直边刀在净浆与试模内壁之间切移一圈后，抬起玻璃板在橡胶垫上轻轻振动不超过 5 次，振动时避免泌水。然后在试模上表面约 2/3 处，略倾斜于试模表面分别向外轻轻锯掉多余净浆，再从试模边沿垂直于锯的方向轻抹顶部一次。

注意：在锯掉多余净浆和抹平的操作过程中，注意不要压实净浆。

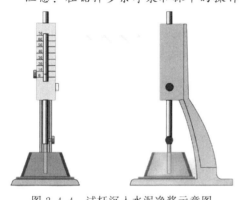

图 2.4.4　试杆沉入水泥净浆示意图

抹平后迅速将试模和底板移到维卡仪上，并将其中心定在试杆下，降低试杆直至与水泥净浆表面接触，拧紧螺丝 1～2s 后，突然放松，使试杆垂直自由地沉入水泥净浆中。试杆沉入水泥净浆示意图如图 2.4.4 所示。

记录读数：在试杆停止沉入或释放试杆 30s 时记录试杆距底板之间的距离，升起试杆后，立即擦净；整个操作应在搅拌后 1min 内完成。

标准稠度净浆标准：以试杆沉入净浆并距底板（6±1）mm 的水泥净浆为标准稠度净浆。

注意：当试杆距玻璃板小于 5mm 时，应适当减少用水量，重复水泥浆的拌制和上述过程；若距离大于 7mm 时，则应适当加水，并重复水泥浆的拌制和上述过程。

## 2.4.8　填写试验记录表格

根据试验结果，填写试验记录表，见表 2.4.3。

表 2.4.3　　　　　　　　　试 验 记 录 表

| 任务单号 | | 检测依据 | | | |
|---|---|---|---|---|---|
| 样品编号 | | 检测地点 | | | |
| 样品名称 | | 环境条件 | 温度： | | 湿度： |
| 样品描述 | | 试验日期 | | | |
| 主要仪器设备使用情况 | 试验设备名称 | 型号规格 | 编号 | | 使用情况 |
| | | | | | |
| | | | | | |
| | | | | | |

水泥标准稠度用水量测定（标准法）

| 试验次数 | 水泥试样质量/g | 拌和用水量/mL | 试杆沉入净浆，距底板的距离/mm | 标准稠度用水量 P/% |
|---|---|---|---|---|
| 1 | | | | |
| 2 | | | | |
| 3 | | | | |
| 4 | | | | |

## 2.4.9 数据处理

标准稠度用水量按式（2.4.1）计算：

$$P = \frac{W}{500} \times 100\% \tag{2.4.1}$$

式中　$P$——标准稠度用水量，%。

　　　$W$——水泥净浆达到标准稠度时的用水量，mL。

【学生自评】

小组自评表见表 2.4.4，小组成员自评表见表 2.4.5。

表 2.4.4　　　　　　　　　　　小 组 自 评 表

| 检测任务 | 水泥标准稠度用水量检测 | | |
|---|---|---|---|
| 教学阶段 | 操 作 流 程 | 自评核查结果 | 成绩 |
| 试验准备 | 1. 取样（5分） | | |
| | 2. 烘干（5分） | | |
| | 3. 过 0.9mm 筛（5分） | | |
| | 4. 检查仪器水泥净浆搅拌机是否运行正常，维卡仪是否灵活（10分） | | |
| | 5. 正确选择天平（5分） | | |
| | 6. 天平调平、预热、校准（5分） | | |
| 反思纠错 | （准备工作有无错、漏，纠正） | | |
| 试验操作 | 7. 正确称取试样（5分） | | |
| | 8. 水、水泥加入顺序正确（5分） | | |
| | 9. 净浆搅拌时长正确（5分） | | |
| | 10. 净浆装入试模方法正确（10分） | | |
| | 11. 维卡仪使用正确（10分） | | |
| | 12. 整个试验过程时长符合规范要求（5分） | | |
| 反思纠错 | （准备工作有无错、漏，纠正） | | |
| 数据处理 | 13. 读数正确（5分） | | |
| | 14. 净浆标准稠度判断正确（5分） | | |
| | 15. 计算标准稠度用水量（5分） | | |
| 反思纠错 | （准备工作有无错、漏，纠正） | | |
| 劳动素养 | 试验结束仪器设备的整理（5分） | | |
| | 试验操作台及地面清理（5分） | | |

表 2.4.5　　　　　　　　　　　小 组 成 员 自 评 表

| 检测任务 | 水泥标准稠度用水量检测 | | 本人 | 小组其他成员 | | |
|---|---|---|---|---|---|---|
| 评价项目 | 评价标准 | 分值 | | 1 | 2 | 3 |
| 时间观念 | 本次检测是否存在迟到早退现象 | 20 | | | | |
| 学习态度 | 积极参与检测任务的准备与实施 | 20 | | | | |
| 专业能力 | 检测准备和实施过程中细心、专业技能和动手能力 | 20 | | | | |

续表

| 检测任务 | 水泥标准稠度用水量检测 | | 本人 | 小组其他成员 | | |
|---|---|---|---|---|---|---|
| 评价项目 | 评价标准 | 分值 | | 1 | 2 | 3 |
| 沟通协作 | 沟通、倾听、团队协作能力 | 20 | | | | |
| 劳动素养 | 爱护仪器设备、保持环境卫生 | 20 | | | | |
| 小计 | | 100 | | | | |

**【小组成果展示】**

小组派代表介绍从试验准备到结束的全过程，小组中任务的分配、成员合作、检测过程的规范性等，其他小组依据小组成果展示对其进行评价。小组互评表见表 2.4.6，教师综合评价表见表 2.4.7。

表 2.4.6　　　　　　　　　小 组 互 评 表

| 检 测 任 务 | 水泥标准稠度用水量检测 | |
|---|---|---|
| 评价项目 | 分　　值 | 得　　分 |
| 课前准备情况 | 20 | |
| 成果汇报 | 20 | |
| 团队合作 | 20 | |
| 工作效率 | 10 | |
| 工作规范 | 10 | |
| 劳动素养 | 20 | |
| 小计 | 100 | |

表 2.4.7　　　　　　　　　教 师 综 合 评 价 表

| 检测任务 | 水泥标准稠度用水量检测 | | |
|---|---|---|---|
| 评价项目 | 评 价 标 准 | 分值 | 得分 |
| 考勤 | 无迟到、早退、旷课现象 | 20 | |
| 课前 | 课前任务完成情况 | 10 | |
| 课中 | 态度认真、积极主动 | 10 | |
| | 具有安全意识、规范意识 | 10 | |
| | 检测过程规范、无误 | 10 | |
| | 团队协作、沟通 | 10 | |
| | 职业精神 | 10 | |
| | 检测项目完整，操作规范，数据处理方法正确 | 10 | |
| | 作业完成情况 | 10 | |
| 小计 | | 100 | |

**【职业能力训练】**

1. 选择题

（1）水泥标准稠度用水量测量（标准法）试验前必须做到（　　　）。

A. 维卡仪的金属棒能自由的滑动

B. 调整至试杆接触玻璃板时指针对准零点

C. 调整至试锥接触玻璃板时指针对准零点

D. 试模和玻璃底板用湿布擦拭

（2）水泥标准稠度用水量试验，试验室温度为（20±2）℃，相对湿度不低于（　　）%，湿气养护箱的温度为（20±1）℃，相对湿度不低于（　　）%。

A. 60，90　　　　　　B. 50，90　　　　　　C. 60，95　　　　　　D. 55，95

2. 判断题

（1）水泥越细，比表面积越小，标准稠度需水量越小。（　　）

（2）硅酸盐水泥的细度越细，标准稠度需要用水量越高。（　　）

3. 填空题

代用法测定水泥标准稠度用水量可用（　　）和（　　）两种方法的任一种测定。

4. 简答题

影响水泥标准稠度用水量测定准确性的主要因素有哪些？

# 任务2.5　水泥凝结时间检测

## 【任务描述】

LH水库的拦河坝分别由土石坝和混凝土坝组成，总长1148m。中间河床段为混凝土坝，坝长254.5m，混凝土浇筑46.86万 m³。现需对进场的水泥进行复检。分析检测项目后下达检测项目水泥凝结时间。

请你对水泥凝结时间进行检测。

## 【学习目标】

**知识目标：**

（1）水泥凝结时间检验检测的基本理论知识。

（2）水泥凝结时间检验仪器主要参数及使用、检验方法、检验结果的计算及处理。

**能力目标：**

（1）能熟练进行水泥凝结时间检验试验。

（2）能够对检验结果进行正确计算及处理。

（3）对试验中出现的一般问题学会分析及处理。

**素质目标：**

（1）培养学生的动手能力和团队协作能力及数据处理的能力。

（2）树立安全意识，遵守操作规程。

　　**思政目标：**

　　强化标准意识、质量意识及养成诚实守信的良好品质。

**【任务工作单】**

　　工作任务分解表见表 2.5.1。

表 2.5.1　　　　　　　　　　　　工 作 任 务 分 解 表

| 分组编号 | | 日期 | |
|---|---|---|---|
| 学习任务：水泥凝结时间检测 | | | |

任务分解：

1. 查询文献熟悉水泥凝结时间的含义及影响因素。
2. 查阅规范熟悉水泥凝结时间检测应用的仪器设备、环境因素、操作方法。
3. 查阅规范熟悉水泥凝结时间检测数据处理。
4. 小组合作完成水泥凝结时间检测实验操作、原始记录及数据处理。
5. 完善水泥凝结时间检测思维导图

**【任务分组】**

　　小组成员组成及任务分工表见表 2.5.2。

表 2.5.2　　　　　　　　　　小组成员组成及任务分工表

| 班级 | | 组号 | | 指导教师 | |
|---|---|---|---|---|---|
| 组长 | | 学号 | | | |
| 组员 | 姓名 | 学号 | | 姓名 | 学号 |
| | | | | | |
| | | | | | |
| | | | | | |
| 任务分工 | | | | | |

**【思维导图】**

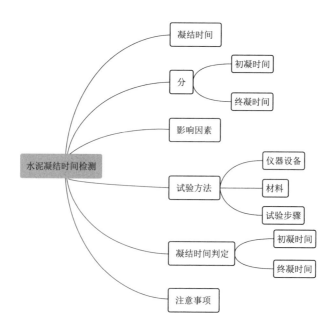

**【获取信息】**

引导问题 1：你查阅了哪些参考文献？请分别列出。查阅文献有哪些收获？

_____

_____

_____

_____

_____

引导问题 2：为什么要规定水泥的凝结时间？

_____

_____

_____

_____

_____

引导问题 3：什么是初凝时间和终凝时间？

_____

_____

_____

_____

_____

_____

**【相关基础知识】**

水泥加水拌和后，随着时间的推移，浆体逐渐失去流动性、可塑性，进而凝固形成具有一定强度的硬化体，这一过程称为水泥的凝结。

凝结过程的控制是水泥应用中重要的一环。凝结过快，拌制的水泥浆和混凝土还来不及输送和浇注就失去流动性，使浇捣不能顺利进行，或因浇捣而破坏已初步形成的水泥石结构，最终降低水泥和混凝土的强度。凝结太慢，势必延长混凝土的脱模时间，影响施工进度。所以水泥和水后既不应凝结过快，也不应凝结太慢。水泥凝结过程分成初凝和终凝两个阶段；从加水开始至净浆开始失去可塑性为水泥初凝阶段，这段时间称为初凝时间，从加水至浆体完全失去可塑性为水泥终凝阶段，这段时间称为终凝时间。对于大多数硅酸盐类水泥这两个阶段是很明显的，初凝时间大多超过 1h，终凝时间一般在初凝后 1h 左右。

某些水泥有时会发生两种不同于以上的凝结现象，即假凝（又称为黏凝）和瞬凝（又称为急凝）。这二种现象称为不正常凝结。假凝的特征是：水泥和水后几分钟内就发生凝固，且没有明显的温度上升现象。但是无需加水，再把已凝固的水泥浆重新搅拌便恢复塑性，仍可施工浇注，并以通常的方式凝结，对强度影响不大。瞬凝的特征是：水泥和水后浆体很快地凝结成一种很粗糙的、和易性差的混合物，并在大量放热的情况下很快凝固，再搅拌时不会恢复塑性。这种水泥用于砂浆和混凝土使施工发生困难，又显著地降低了砂浆和混凝土的强度。

无论是正常凝结、或是不正常凝结，都是水泥生产和使用者所密切关心的，因此任何水泥产品都必须测定水泥凝结现象，而且只有达到有关要求后才能出厂或使用。

由于水泥水化还与水灰比、温度等因素有关，因此凝结时间、还要受到测定时水泥浆状态、环境温度、湿度等诸多因素的影响。如净浆塑性大则凝结慢，反之则凝结快；温度高能使凝结加快，温度低则使凝结缓慢，因此为准确测定凝结时间必须在规定的标准稠度净浆（用水泥净浆标准稠度需水量拌制净浆）和规定的环境条件下进行。

测定水泥凝结时间的方法目前有维卡法和吉尔摩法两种，我国及世界大多数国家都采用维卡法，美国标准中并列了吉尔摩法。

**【检测任务实施】**

**2.5.1 试验目的**

测定水泥的初凝和终凝所需要的时间，以评定水泥是否符合国家标准的规定。

**2.5.2 试验依据**

《水泥标准稠度用水量、凝结时间、安定性检验方法》（GB/T 1346—2024）。

**2.5.3 仪器设备**

（1）水泥净浆搅拌机：同标准稠度用水量。

（2）维卡仪：同标准稠度用水量。

测定水泥凝结时间用维卡仪及配件示意图如图2.5.1所示。

（3）湿气养护箱。

（4）量水器和滴定管（或电子天平）。

量水器最小刻度为0.1mL；电子天平精度不大于0.1g。

（5）电子天平。

天平称量为1000g，精度为1g。

**2.5.4 检测条件**

（1）试验室温度为（20±2）℃，相对湿度应不低于50%；水泥试样、拌和水、仪器和用具的温度应与实验室室温一致。

（2）湿气养护箱的温度为（20±1）℃，相对湿度应不低于90%。

**2.5.5 试验前准备**

1. 环境条件

试验室温度：温度（20±2）℃，相对湿度应不低于50%。

2. 试验用水

试验用水应是洁净的饮用水，如有争议时应以蒸馏水为准。试验用水温度应与实验室温度一致。

3. 水泥试样准备

水泥试样应充分拌匀，通过0.9mm方孔筛并记录筛余物情况。试样温度应与实验室温度一致。

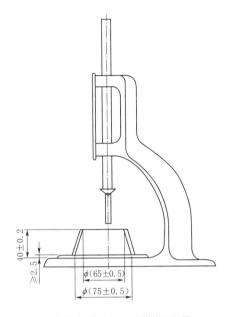

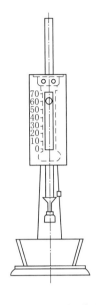

（a）初凝时间测定用立式试模的侧视图　　　（c）终凝时间测定用反转试模的前视图

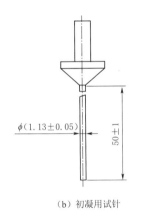

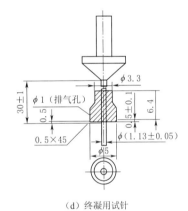

（b）初凝用试针　　　　　　　　　　（d）终凝用试针

图 2.5.1　测定水泥凝结时间用维卡仪及配件示意图（单位：mm）

4. 设备准备

仪器和用具的温度应与实验室一致。

维卡仪调试：维卡仪的滑动杆能自由滑动，试模和玻璃底板用湿布擦拭，将试模放在底板上。调整凝结时间测定仪的试针接触玻璃板时将指针对准零点，如图 2.5.2 所示。

水泥净浆搅拌机调试：水泥净浆搅拌机运行正常。

试模内壁及玻璃板抹油。

## 2.5.6　试验操作（标准法）

1. 称试样

称取 500g 水泥试样

图 2.5.2 维卡仪试针调零

**2. 量水**

依据水泥标准稠度用水量量水。

**3. 擦拭**

用湿布擦拭搅拌锅和搅拌叶片。

**4. 倒入水和水泥**

把量好的拌和水倒入搅拌锅中，在 5～10s 内小心将称好的 500g 水泥加入水中，倒入时需小心，防止水和水泥溅出。

**5. 水泥净浆的拌制**

先将搅拌锅放在搅拌机的锅座上，升至搅拌位置，启动搅拌机，低速搅拌 120s，停 15s，接着高速搅拌 120s 停机。

在停止搅拌的 15s 内，将叶片和锅壁上的水泥浆刮入锅中间。

**6. 水泥净浆装模**

水泥净浆装模：拌和结束后，立即取适量水泥净浆一次性装入已置于玻璃底板上的试模中，浆体超过试模上端，用宽约 25mm 的直边刀在净浆与试模内壁之间切移一圈后，抬起玻璃板在橡胶垫上轻轻振动不超过 5 次，振动时避免泌水。然后在试模上表面约 2/3 处，略倾斜于试模表面分别向外轻轻锯掉多余净浆，再从试模边沿垂直于锯的方向轻抹顶部一次。

注意：在锯掉多余净浆和抹平的操作过程中，注意不要压实净浆。

**7. 试件的养护**

刮平后，立即放入湿气养护箱中。记录水泥全部加入水中的时间作为凝结时间的起始时间。

**8. 初凝时间的测定**

第一次测定：根据水泥浆体硬化程度确定。

测定时，从湿气养护箱中取出试模放到试针下，降低试针与水泥净浆表面接触，拧紧螺钉 1～2s，突然放松，试针垂直自由地沉入水泥净浆。观察试针停止下沉或释放试针 30s 时试针的读数。临近初凝时间时每隔 5min（或更短时间）测定一次。初凝用试针沉入水泥净浆如图 2.5.3 所示。

当试针沉至距底板（4±1）mm 时，为水泥达到初凝状态，由水泥全部加入水中至初凝状态所经历的时间为水泥的初凝时间，用"min"表示。

图 2.5.3 初凝用试针
沉入水泥净浆

9. 终凝时间的测定

换初凝针为终凝针。

在完成初凝时间测定后，立即将试模连同浆体以平移的方式从玻璃板上取下，翻转 180°，直径大端向上，小端向下放在玻璃板上，再放入湿气养护箱中继续养护。终凝用试针沉入水泥净浆如图 2.5.4 所示。

临近终凝时间每隔 15min（或更短时间）测定一次，当试针沉入试体 0.5mm 时，即环形附件开始不能在试体上留下痕迹且初凝针在试体的直径小端面上沉入深度不大于 1mm 时，为水泥达到终凝状态。由水泥全部加入水中至终凝状态所经历的时间为水泥的终凝时间，用 min 表示。

注意：

（1）在测定水泥的初凝时，第一次初凝时间根据水泥浆体硬化程度确定。最初测定时，应用手轻轻扶持金属棒，使其徐徐下降以防试

图 2.5.4　终凝用试针沉入水泥净浆

针撞弯，当感到试针下降有阻力时，再重新测定，结果以自由下落为准。

（2）在整个测定过程中试针沉入的位置至少要距圆模内壁 10mm，到达凝结状态的时间判点测定针孔不应落在距离试模中心 5mm 内的区域。

（3）两个相邻测孔相距不小于 5mm。

（4）每次测定完毕须将试针擦净并将圆模放回湿汽养护箱。

（5）整个测定过程中要防止试模受振。

## 2.5.7　试验结果的确定

初凝时间确定：自水泥全部加入水中起至试针沉入净浆中距底板（4±1）mm 时，所需的时间为初凝时间，用 min 来表示；达到初凝状态时应立即重复测 1 次，当两次结论相同时才能定为达到初凝状态。

终凝时间确定：自水泥全部加入水中起至试针沉入净浆中不超过 0.5mm（环形附件开始不能在净浆表面留下痕迹且初凝针在试体的直径小端面上沉入深度不大于 1mm）时所需的时间为终凝时间，用 min 来表示。达到终凝状态时应立即重复测 1 次，当两次结论相同时才能定为达到终凝状态。

## 2.5.8　填写试验记录表格

根据试验结果填写试验记录表，见表 2.5.3。

表 2.5.3　　　　　　　　　　试 验 记 录 表

| 任务单号 | | 试验日期 | | | |
|---|---|---|---|---|---|
| 样品编号 | | 检测地点 | | | |
| 样品名称 | | 环境条件 | 温度：　　℃　湿度：　　% | | |
| 样品描述 | | 检测依据 | | | |
| 主要仪器设备<br>使用情况 | 试验设备名称 | 型号规格 | | 编号 | 使用情况 |
| | | | | | |
| | | | | | |
| | | | | | |
| | | | | | |

| 标准稠度用水量 P /% | | | | 水泥全部加入时刻 | | 时　　分 | |
|---|---|---|---|---|---|---|---|
| 试验次数 | 初凝试验时刻/<br>（时：分） | 初凝用试针距<br>底板/mm | 终凝试验时刻/<br>（时：分） | 终凝用试针环形附件<br>是否留下痕迹 | | 凝结时间 | |
| | | | | | | 初凝/min | 终凝/min |
| 1 | | | | | | | |
| 2 | | | | | | | |
| 3 | | | | | | | |
| 4 | | | | | | | |
| 5 | | | | | | | |

## 2.5.9　检测结果评定

评定方法：将测定的初凝时间、终凝时间结果，与国家规范中的凝结时间相比较，可判断其合格性与否。

根据国家标准《通用硅酸盐水泥》（GB 175—2023）中 7.4.1 条规定，硅酸盐水泥的初凝时间应不小于 45min，终凝时间应不大于 390min。普通硅酸盐水泥、矿渣硅酸盐水泥、粉煤灰硅酸盐水泥、火山灰硅酸盐水泥、复合硅酸盐水泥的初凝时间应不小于 45min，终凝时间应不大于 600min。

结论：该水泥初凝时间为　　　　　　　min，终凝时间为　　　　　　　min。

【学生自评】

小组自评表见表 2.5.4，小组成员自评表见表 2.5.5。

表 2.5.4　　　　　　　　　　小 组 自 评 表

| 教学阶段 | 操 作 流 程 | 自评核查结果 | 成绩 |
|---|---|---|---|
| 试验准备 | 1. 取样（5 分） | | |
| | 2. 烘干（5 分） | | |
| | 3. 过 0.9mm 筛（5 分） | | |
| | 4. 检查仪器水泥净浆搅拌机是否运行正常，维卡仪是否灵活（10 分） | | |
| | 5. 正确选择天平（5 分） | | |
| | 6. 天平调平、预热、校准（5 分） | | |

| 教学阶段 | 操 作 流 程 | 自评核查结果 | 成绩 |
|---|---|---|---|
| 反思纠错 | （准备工作有无错、漏，纠正） | | |
| 试验操作 | 7. 正确称取试样（5 分） | | |
| | 8. 水、水泥中入顺序正确（5 分） | | |
| | 9. 净浆搅拌地长正确（5 分） | | |
| | 10. 净浆装入试模方法正确（10 分） | | |
| | 11. 维卡仪使用正确（10 分） | | |
| | 12. 净浆初凝操作正确（5 分） | | |
| | 13. 净浆终凝操作正确（5 分） | | |
| 反思纠错 | （试验操作工作有无错、漏，纠正） | | |
| | 14. 净浆初凝判断正确（5 分） | | |
| | 15. 净浆终凝判断正确（5 分） | | |
| 反思纠错 | （数据处理工作有无错、漏，纠正） | | |
| 劳动素养 | 清理、归位、关机，完善仪器设备运行记录（5 分） | | |
| | 试验操作台及地面清理（5 分） | | |

表 2.5.5　　　　　　　　小 组 成 员 自 评 表

| 检测任务 | 水泥凝结时间检测 | | 本人 | 小组其他成员 | | |
|---|---|---|---|---|---|---|
| 评价项目 | 评 价 标 准 | 分值 | | 1 | 2 | 3 |
| 时间观念 | 本次检测是否存在迟到早退现象 | 20 | | | | |
| 学习态度 | 积极参与检测任务的准备与实施 | 20 | | | | |
| 专业能力 | 检测准备和实施过程中细心、专业技能和动手能力 | 20 | | | | |
| 沟通协作 | 沟通、倾听、团队协作能力 | 20 | | | | |
| 劳动素养 | 爱护仪器设备、保持环境卫生 | 20 | | | | |
| 小计 | | 100 | | | | |

**【小组成果展示】**

小组派代表介绍从试验准备到结束的全过程，小组中任务的分配、成员合作、检测过程的规范性等，其他小组依据小组成果展示对其进行评价。小组互评表见表2.5.6，教师综合评价表见表2.5.7。

表 2.5.6　　　　　　　　小 组 互 评 表

| 检 测 任 务 | 水泥凝结时间检测 | |
|---|---|---|
| 评价项目 | 分 值 | 得 分 |
| 课前准备情况 | 20 | |
| 成果汇报 | 20 | |

续表

| 检 测 任 务 | 水泥凝结时间检测 | |
|---|---|---|
| 团队合作 | 20 | |
| 工作效率 | 10 | |
| 工作规范 | 10 | |
| 劳动素养 | 20 | |
| 小计 | 100 | |

表 2.5.7　　　　　　　　　教 师 综 合 评 价 表

| 检测任务 | 水泥凝结时间检测 | | |
|---|---|---|---|
| 评价项目 | 评 价 标 准 | 分值 | 得分 |
| 考勤 | 无迟到、早退、旷课现象 | 20 | |
| 课前 | 课前任务完成情况 | 10 | |
| 课中 | 态度认真、积极主动 | 10 | |
| | 具有安全意识、规范意识 | 10 | |
| | 检测过程规范、无误 | 10 | |
| | 团队协作、沟通 | 10 | |
| | 职业精神 | 10 | |
| | 检测项目完整，操作规范，数据处理方法正确 | 10 | |
| | 作业完成情况 | 10 | |
| 小计 | | 100 | |

**【职业能力训练】**

1. 单选题

（1）凝结时间试验中，盛装水泥净浆的试模深度为（　　）mm。

A. 30±0.2　　　　　　　　　　　　　B. 40±0.2

C. 50±0.2　　　　　　　　　　　　　D. 57±0.2

（2）对凝结时间的测定描述不正确的是（　　）。

A. 第一次测定应在加水后 30min 时进行

B. 当试针距底板为（4±1）mm 时，为水泥达到初凝状态

C. 临近终凝时每隔 30min 测一次

D. 当环形附件不能在试体上留下痕迹时，为水泥达到终凝状态

（3）水泥的不正常凝结包括（　　）。

A. 缓凝　　　　　　　　　　　　　　B. 快凝

C. 初凝　　　　　　　　　　　　　　D. 假凝

（4）关于常用水泥凝结时间的说法，正确的是（　　）。

A. 初凝时间不宜过长，终凝时间不宜过短

B. 初凝时间是从水泥加水拌合起至水泥浆开始产生强度所需的时间

C. 终凝时间是从水泥加水拌合起至水泥浆达到强度等级所需的时间

D. 常用水泥的初凝时间均不得短于 45min，硅酸盐水泥的终凝时间不得长于 6.5h

2. 简答题

完善水泥凝结时间性能检测思维导图。

# 任务 2.6 水 泥 安 定 性 检 测

## 【任务描述】

LH 水库的拦河坝分别由土石坝和混凝土坝组成，总长 1148m。中间河床段为混凝土坝，坝长 254.5m，混凝土浇筑 46.86 万 m³。现需对运动场的水泥进行复检。分析检测项目后下达检测项目水泥安定性。

请你对水泥安定性进行检测。

## 【学习目标】

**知识目标：**

(1) 水泥安定性检测的基本理论知识。

(2) 水泥安定性检验仪器主要参数及使用、检验方法、检验结果的计算及处理。

**能力目标：**

(1) 能熟练进行水泥安定性检验试验。

(2) 能够对检验结果进行正确计算及处理。

(3) 对试验中出现的一般问题学会分析及处理。

**素质目标：**

(1) 培养学生的动手能力和团队协作能力及数据处理的能力。

(2) 树立安全意识，遵守操作规程。

**思政目标：**

培养学生吃苦耐劳、德技并重的劳动精神和工匠精神，培养学生的质量意识和安全意识。

## 【任务工作单】

工作任务分解表见表 2.6.1。

表 2.6.1　　　　　　　　　工 作 任 务 分 解 表

| 分组编号 | | 日期 | |
|---|---|---|---|
| 学习任务：水泥安定性检测 | | | |

任务分解：

1. 查询文献熟悉水泥安定性的含义及影响因素。

2. 查阅规范熟悉水泥安定性检测应用的仪器设备、环境因素、操作方法。

3. 查阅规范熟悉水泥安定性检测数据处理。

4. 小组合作完成水泥安定性检测实验操作、原始记录及数据处理。

5. 完善水泥安定性检测思维导图。

**【任务分组】**

小组成员组成及任务分工表见表 2.6.2。

表 2.6.2　　　　　　　　　小组成员组成及任务分工表

| 班级 | | | 组号 | | 指导教师 | |
|---|---|---|---|---|---|---|
| 组长 | | | 学号 | | | |
| 组员 | 姓名 | 学号 | | 姓名 | | 学号 |
| | | | | | | |
| | | | | | | |
| | | | | | | |
| 任务分工 | | | | | | |

**【思维导图】**

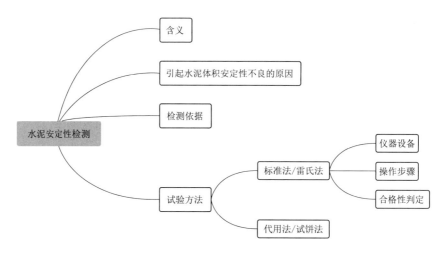

**【获取信息】**

引导问题 1：你查阅了哪些参考文献？请分别列出。查阅文献有哪些收获？

_____

_____

_____

_____

引导问题 2：水泥安定性不合格如何处理？

_____

_____

_____

_____

_____

引导问题 3：检验水泥安定性有哪几种方法？

_____

_____

_____

_____

_____

**【相关基础知识】**

（1）水泥安定性含义。

水泥体积安定性是指水泥凝结硬化过程中，水泥石体积变化的均匀性。如水泥硬化中，发生不均匀的体积变化，称为体积安定性不良。

体积安定性不良的水泥会使混凝土构件因膨胀而产生裂缝，降低建筑工程质量，甚至导致严重的工程事故。体积安定性不良的水泥不能用于工程结构中。

（2）引起水泥体积安定性不良的原因如下：

1）水泥熟料中存在过多的游离氧化钙和（或）游离氧化镁过多。游离氧化钙和氧化镁均是过烧的产生的，熟化很缓慢，在水泥硬化并产生一定强度后，才开始熟化，熟化过程中产生体积膨胀，引起水泥石不均匀的体积变化，致使水泥石开裂。

2）水泥熟料中石膏掺量过多，水泥硬化后，石膏还会与已固态的水化铝酸钙发生反应生成含有 31 个结晶水的高硫型水化硫铝酸钙，体积膨胀约 1.5 倍以上，导致水泥体积安定性不良，造成已硬化的水泥石产生裂缝。

**【检测任务实施】**

**2.6.1　试验目的及方法**

试验目的：测定水泥浆在硬化时体积变化的均匀性，以决定水泥是否可用。

水泥标准稠度用水量的检测方法：雷氏法（标准法）和试饼法（代用法）。两者有争议时以雷氏法为准。

雷试法是通过测定水泥净浆在雷氏夹中沸煮后的膨胀值来判定水泥安定性是否合格；试饼法则是通过观察是水泥净浆试饼煮沸后的外形变化来检验水泥的安定性。

**2.6.2　试验依据**

《水泥标准稠度用水量、凝结时间、安定性检验方法》（GB/T 1346—2024）。

**2.6.3　安定性测定仪器设备**

（1）雷氏夹：由铜质材料制成，其结构如图 2.6.1 所示。当用 300g 砝码校正时，两根针的针尖距离增加应在（17.5±2.5）mm 范围内。

（2）雷氏夹膨胀测定仪：其标尺最小刻度为 0.5mm。其结构如图 2.6.2 所示。

（3）沸煮箱：有效容积为 410mm×240mm×310mm，试件架与加热器之间的距离大于 50mm。箱的内层由不易锈蚀的金属材料制成，能在（30±5）min 内将箱内的实验用水由室温加热至沸腾状态并保持 3h 以上，整个过程不需要补充水量。

（4）其他：水泥净浆搅拌机、天平、湿气养护箱、小刀等。

**2.6.4　检测条件**

（1）试验室温度为（20±2）℃，相对湿度应不低于 50%；水泥试样、拌和水、

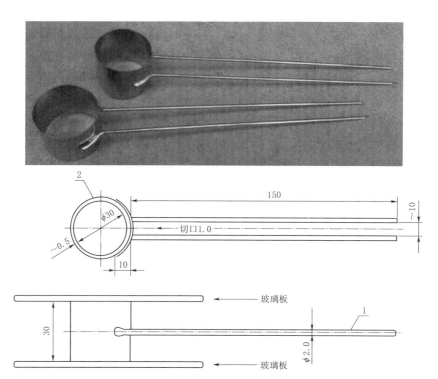

图 2.6.1　雷氏夹（单位：mm）

1—指针；2—环模

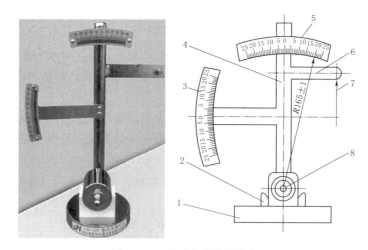

图 2.6.2　雷氏夹膨胀测定仪

1—底座；2—模子座；3—测弹性标尺；4—立柱；5—测膨胀值标尺；6—悬臂；7—悬丝；8—弹簧顶钮

仪器和用具的温度应与实验室内部室温一致。

（2）湿气养护箱的温度为（20±1）℃，相对湿度应大于 90%。

### 2.6.5　水泥安定性检测标准法试验步骤

1. 雷氏夹标定

每个试样需成型两个试件，需准备两个雷氏夹，两个雷氏夹均需要标定。

标定方法如下：

（1）测雷氏夹指针端始距离。测雷氏夹指针端原始距离如图 2.6.3 所示。

将雷氏夹放在模子座上，使指针朝上，记录指针原始距离。记入表 2.6.3。

（2）测悬挂砝码后距离。

把雷氏夹其中 1 根指针穿入到系在 300g 砝码上的金属丝上，穿到雷氏夹根部，用金属丝或尼龙丝穿入另一个指针到根部，提起尼龙丝悬挂在悬臂上，用手稳定砝码，不让它晃动。测悬挂砝码后如图 2.6.4 所示。

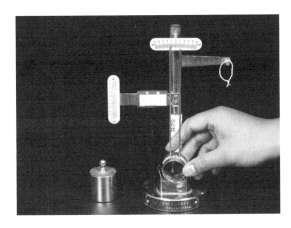 

图 2.6.3 测雷氏夹指针端原始距离          图 2.6.4 测悬挂砝码后

（3）计算悬挂砝码前后增加距离。

读取两指针间距离，减原始距离，为其增加距离。

（4）判断雷氏夹是否合格。

增加距离应满足（17.5±2.5）mm 也就是 15～20mm 范围以内。在范围内雷氏夹合格，可以使用；不在范围内，雷氏夹不合格，不可以使用。

2．测定前准备工作

雷氏夹：2 个合格的雷氏夹，雷氏夹内表面稍稍涂上一层油。

玻璃板：每个合格的雷氏夹，配备两个边长或直径约为 80mm、厚度为 4～5mm 的玻璃板，在玻璃板与水泥接触的一面稍稍涂上一层油。

3．标准稠度水泥净浆拌制

按标准稠度用水量检测方法拌制标准稠度水泥净浆。

材料用料及操作步骤参考任务 2.4。

4．雷氏夹试件成型

（1）水泥净浆装入雷氏夹。

将制备好的标准稠度水泥净浆立即一次装满雷氏夹，装水泥净浆时一只手轻轻扶持雷氏夹，另一只手用宽约 25mm 的直边刀在浆体表面轻轻插捣 3 次，抹平，如图 2.6.5 所示。

（2）盖上玻璃板，养护。

盖上涂油的玻璃板，如图 2.6.6 所示。然后将试件移至湿气养护箱内养护（24±2）h。

图 2.6.5 水泥净浆装入雷氏夹

图 2.6.6 水泥净浆装入雷氏夹

5. 测量雷氏夹指针初始距离

从湿气养护箱中取出雷氏夹,移去玻璃板取下试件,将雷氏夹放在模子座上,使指针朝上,测量雷氏夹沸煮前指针尖端的距离($A$),精确至 0.5mm。记入表 2.6.3。

6. 沸煮

将试件放入沸煮箱水中的试件架上,指针朝上,试件之间互不交叉,调好水位与水温,接通电源,在(30±5)min 之内加热至沸腾,并恒沸(180±5)min。

7. 测量雷氏夹沸煮后指针距离

沸煮结束后,立即放掉沸煮箱中的热水,打开箱盖,待箱体冷却至室温,取出试件。用雷氏夹膨胀测定仪测量试件雷氏夹两指针尖的距离($C$),精确至 0.5mm。记入表 2.6.3。

## 2.6.6 填写试验记录表

根据试验结果填写试验记录表,见表 2.6.3。

表 2.6.3 　试　验　记　录　表

| 任务单号 | | 检测依据 | | |
|---|---|---|---|---|
| 样品编号 | | 检测地点 | | |
| 样品名称 | | 环境条件 | 温度： | 湿度： |
| 样品描述 | | 试验日期 | | |
| 主要仪器设备使用情况 | 试验设备名称 | 型号规格 | 编号 | 使用情况 |
| | | | | |
| | | | | |
| | | | | |
| | | | | |

续表

| 雷氏夹膨胀测定仪标定 | | | | |
|---|---|---|---|---|
| 试样次数 | 雷氏夹指针<br>原始距离/mm | 系上砝码后雷氏夹指针尖<br>端的距离/mm | 雷氏夹增加的距离<br>/mm | 雷氏夹是否合格 |
| 1 | | | | |
| 2 | | | | |

| 水泥安定性检测（标准法） | | | | |
|---|---|---|---|---|
| 试样次数 | 沸煮前雷氏夹<br>指针尖端的距离<br>A/mm | 沸煮后雷氏夹<br>指针尖端的距离<br>C/mm | 雷氏夹膨胀值<br>(C−A)/mm | (C−A) 平均值/mm |
| 1 | | | | |
| 2 | | | | |

## 2.6.7 检测结果评定

当两个试件沸煮后增加距离（C−A）的平均值不大于 5.0mm 时，即认为水泥安定性合格。当两个试件的（C−A）的平均值大于 5.0mm 时，应用同一样品立即重做一次试验。如若结果相同，则该水泥安定性不合格。

国家标准《通用硅酸盐水泥》（GB 175—2023）规定：硅酸盐水泥的体积安定性用沸煮法检验合格。

结论：该水泥体积安定性 _____。

## 【学生自评】

小组自评表见表 2.6.4，小组成员自评表见表 2.6.5。

表 2.6.4　　　　　小　组　自　评　表

| 教学阶段 | 操 作 流 程 | 自评核查结果 | 成绩 |
|---|---|---|---|
| 试验准备 | 1. 取样，过 0.9mm 筛（5分） | | |
| | 2. 烘干后冷却（5分） | | |
| | 3. 检查仪器水泥净浆搅拌机是否运行正常（5分） | | |
| | 4. 正确选择天平（5分） | | |
| | 5. 天平调平、预热、校准（5分） | | |
| | 6. 雷氏夹正确标定（5分） | | |
| 反思纠错 | （准备工作有无错、漏，纠正） | | |
| 试验<br>操作 | 7. 正确称取试样（5分） | | |
| | 8. 水、水泥加入顺序正确（5分） | | |
| | 9. 雷氏夹试件成型操作正确（10分） | | |
| | 10. 能很好地控制操作时间，未超过规定时间（5分） | | |
| | 11. 能够把雷氏夹试件正确放到沸煮箱中（5分） | | |
| | 12. 能读取精确读数（5分） | | |

续表

| 教学阶段 | 操 作 流 程 | 自评核查结果 | 成绩 |
|---|---|---|---|
| 反思纠错 | （试验操作工作有无错、漏，纠正） | | |
| 数据处理 | 13. 正确记录检测数据。（10分） | | |
| | 14. 正确水泥的安定性的合格性判定（5分） | | |
| | 15. 正确分析造成错误结论和产生检测误差的原因（5分） | | |
| 反思纠错 | （数据处理工作有无错、漏，纠正） | | |
| 劳动素养 | 清理、归位、关机，完善仪器设备使用记录（10分） | | |
| | 试验操作台及地面清理（5分） | | |
| 总计 | | | |

表 2.6.5　　　　　　　　　小 组 成 员 自 评 表

| 检测任务 | 水泥安定性检测 | | 本人 | 小组其他成员 | | |
|---|---|---|---|---|---|---|
| 评价项目 | 评价标准 | 分值 | | 1 | 2 | 3 |
| 时间观念 | 本次检测是否存在迟到早退现象 | 20 | | | | |
| 学习态度 | 积极参与检测任务的准备与实施 | 20 | | | | |
| 专业能力 | 检测准备和实施过程中细心、专业技能和动手能力 | 20 | | | | |
| 沟通协作 | 沟通、倾听、团队协作能力 | 20 | | | | |
| 劳动素养 | 爱护仪器设备、保持环境卫生 | 20 | | | | |
| 小计 | | 100 | | | | |

**【小组成果展示】**

小组派代表介绍从试验准备到结束的全过程，小组中任务的分配、成员合作、检测过程的规范性等，其他小组依据小组成果展示对其进行评价。小组互评表见表 2.6.6，教师综合评价表见表 2.6.7。

表 2.6.6　　　　　　　　　小 组 互 评 表

| 检 测 任 务 | 水泥安定性检测 | |
|---|---|---|
| 评价项目 | 分 值 | 得 分 |
| 课前准备情况 | 20 | |
| 成果汇报 | 20 | |
| 团队合作 | 20 | |
| 工作效率 | 10 | |
| 工作规范 | 10 | |
| 劳动素养 | 20 | |
| 小计 | 100 | |

表 2.6.7　　　　　　　　　　　教 师 综 合 评 价 表

| 检测任务 | 水泥安定性检测 | | |
|---|---|---|---|
| 评价项目 | 评价标准 | 分值 | 得分 |
| 考勤 | 无迟到、早退、旷课现象 | 20 | |
| 课前 | 课前任务完成情况 | 10 | |
| 课中 | 态度认真、积极主动 | 10 | |
| | 具有安全意识、规范意识 | 10 | |
| | 检测过程规范、无误 | 10 | |
| | 团队协作、沟通 | 10 | |
| | 职业精神 | 10 | |
| | 检测项目完整，操作规范，数据处理方法正确 | 10 | |
| | 作业完成情况 | 10 | |
| 小计 | | 100 | |

【职业能力训练】

1. 单项选择题

（1）水泥安定性试验中，两个试件煮后增加距离的平均值应不大于（　　　）mm。

A. 4.0　　　　　　B. 5.0　　　　　　C. 4.5　　　　　　D. 5.5

（2）雷氏夹放入沸煮箱中煮沸，要求恒沸（　　　）min。

A. 180±5　　　　　B. 185±5　　　　　C. 190±5　　　　　D. 200±5

2. 多项选择题

在雷氏夹试件成型的过程，表述正确的是（　　　）。

A. 立即将已制好的标准稠度净浆一次装满雷氏夹

B. 装浆时一只手轻轻扶持雷氏夹，另一只手用宽约10mm的小刀轻轻插捣

C. 然后抹平，盖上稍涂油的玻璃板

D. 接着立即将试件移至湿气养护箱内养护20～24h

3. 判断题

（1）当两个试件煮沸后增加距离的平均值不大于5.0mm既认为安定性合格。
（　　　）

（2）当两个试件的值大于5.0mm时，应用同一样品重做一次试验。如若结果相同，则该安定性不合格。（　　　）

4. 简答题

（1）雷氏夹法测定粉煤灰安定性时，如何判定其安定性是否合格？

_____

_____

_____

_____

_____

（2）安定性不合格的水泥会产生什么危害？

_____

_____

_____

_____

（3）某工程所用水泥经安定性检验（雷氏法）合格，但一年后构件出现开裂，试分析是否可能是水泥安定性不良引起的？

_____

_____

_____

_____

5. 试验数据处理

雷氏夹法检验 A、B、C、D 四种水泥体积安定性试验原始记录见表 2.6.8，填写试验结果，并对结论作出适当说明。

表 2.6.8　　　　　　　　水泥体积安定性试验原始记录

| 水泥编号 | 雷氏夹号 | 沸煮前指针距离/mm | 沸煮后指针距离/mm | 增加距离/mm | 两个结果差值/mm | 平均值/mm | 结果判定 | 说明 |
|---|---|---|---|---|---|---|---|---|
| A | 1 | 12.0 | 15.0 | | | | | |
| | 2 | 11.0 | 14.5 | | | | | |
| B | 1 | 11.0 | 14.0 | | | | | |
| | 2 | 11.5 | 18.0 | | | | | |
| C | 1 | 12.0 | 14.0 | | | | | |
| | 2 | 12.0 | 19.0 | | | | | |
| D | 1 | 12.5 | 18.0 | | | | | |
| | 2 | 11.0 | 17.0 | | | | | |

拓展阅读

水泥安定性检测代用法

# 任务 2.7　水泥胶砂试体成型

## 【任务描述】

LH 水库的拦河坝分别由土石坝和混凝土坝组成，总长 1148m。中间河床段为混凝土坝，坝长 254.5m，混凝土浇筑 46.86 万 m³。现需对运动场的水泥进行复检。分析检测项目后下达检测项目水泥胶砂强度检测。

请你进行水泥的胶砂试体成型。

## 【学习目标】

知识目标：

（1）水泥胶砂强度检测的基本理论知识。

（2）水泥的胶砂试体成型仪器主要参数及使用、检验方法、检验结果的计算及处理。

**能力目标：**

（1）能熟练进行水泥的胶砂试体成型。

（2）对试验中出现的一般问题学会分析及处理。

**素质目标：**

培养学生的动手能力和团队协作能力及数据处理的能力。

**思政目标：**

培养学生吃苦耐劳、德技并重的劳动精神和工匠精神。遵守操作规程。

**【任务工作单】**

工作任务分解表见表 2.7.1。

表 2.7.1　　　　　　　　　　工 作 任 务 分 解 表

| 分组编号 | | 日期 | |
| --- | --- | --- | --- |
| 学习任务：水泥胶砂试体成型 | | | |

任务分解：
1. 查询文献熟悉水泥胶砂强度基础知识。
2. 查阅规范熟悉水泥的胶砂试体成型应用的仪器设备、环境因素、操作方法。
3. 小组合作完成水泥胶砂试体成型实验操作、原始记录及数据处理。
4. 完善水泥胶砂试体成型检测思维导图。

**【任务分组】**

小组成员组成及任务分工表见表 2.7.2。

表 2.7.2　　　　　　　小组成员组成及任务分工表

| 班级 | | 组号 | | 指导教师 | |
| --- | --- | --- | --- | --- | --- |
| 组长 | | 学号 | | | |
| 组员 | 姓名 | 学号 | 姓名 | 学号 | |
| | | | | | |
| | | | | | |
| | | | | | |
| 任务分工 | | | | | |

**【思维导图】**

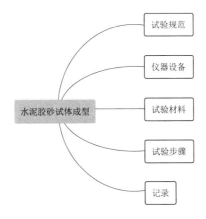

水泥胶砂试体成型 — 试验规范 / 仪器设备 / 试验材料 / 试验步骤 / 记录

**【获取信息】**

引导问题 1：你查阅了哪些参考文献？请分别列出。查阅文献有哪些收获？

_____

_____

_____

_____

引导问题 2：水泥胶砂制备对其强度有什么影响？

_____

_____

_____

_____

引导问题 3：测定水泥胶砂强度时为什么要使用标准砂？

_____

_____

_____

_____

**【相关基础知识】**

水泥胶砂强度反映了水泥硬化到一定龄期后胶结能力的大小，是确定水泥强度等级的依据。它是水泥的主要质量指标之一。

据受力形式的不同，水泥强度的表示方法通常有抗压、抗折两种。强度的计量单位为兆帕（MPa）。

水泥的强度是评定其质量的重要指标，也是划分水泥强度等级的依据。

水泥胶砂试体成型就是为水泥胶砂强度试验做准备。

根据《水泥胶砂强度检验方法（ISO 法）》（GB/T 17671—2021）规定，测定水泥强度时应将水泥、标准砂和水按质量比以 1∶3∶0.5 混合，按规定的方法制成 40mm×40mm×160mm 的试件在湿气中养护 24h，然后脱模在水中养护至强度试验，标准温度应在（20±1）℃范围内，分别测定其 3d 和 28d 的抗折强度和抗压强度。

**【检测任务实施】**

**2.7.1　试验依据**

《水泥胶砂强度检验方法（ISO 法）》（GB/T 17671—2021）。

**2.7.2　仪器设备**

（1）行星式胶砂搅拌机：是搅拌叶片和搅拌锅相反方向转动的搅拌设备。叶片和锅由耐磨的金属材料制成，叶片和锅底、锅壁之间的间隙为叶片和锅壁最近的距离，如图 2.7.1 所示。

 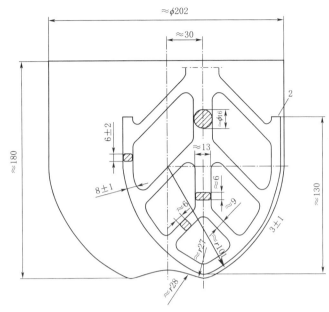

图 2.7.1　水泥胶砂搅拌机（单位：mm）

1—搅拌锅；2—搅拌叶片

（2）试模：可装拆的三联试模，由隔板、端板、底座等部分组成，可同时成型三个截面为 40mm×40mm×160mm 的菱形试件，如图 2.7.2 所示。

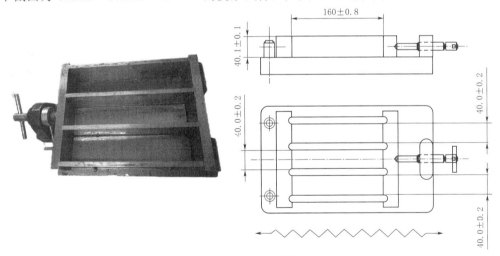

图 2.7.2　三联试模（单位：mm）

（3）胶砂试件成型振实台，由装有两个对称偏心轮的电动机产生振动，使用时固定于混凝土基座上，如图 2.7.3 所示。

（4）套膜、两个布料器、刮平金属直边尺、标准养护箱等，如图 2.7.4、图 2.7.5 所示。

（5）天平。分度值不大于 ±1g。

（6）水泥胶砂强度检验方法（ISO 法）专用盖板，如图 2.7.6 所示。

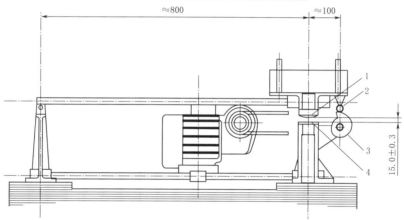

图 2.7.3 水泥胶砂振实台（单位：mm）

1—突头；2—随动轮；3—凸轮；4—止动器

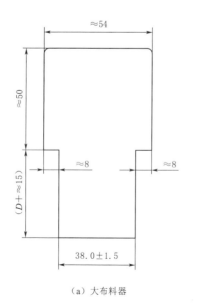

（a）大布料器　　　　　　　　　　　（b）小布料器

图 2.7.4 大小布料器（单位：mm）

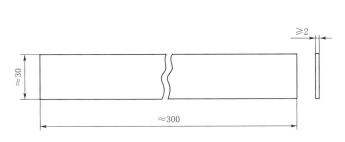

图 2.7.5 直边尺（单位：mm）　　　图 2.7.6 水泥胶砂强度检验方法
（ISO 法）专用盖板

### 2.7.3 试验用材料及用量

水泥与中国 ISO 标准砂的质量比为 1∶3，水灰比为 0.5。

即水泥：（450±2）g；中国 ISO 标准砂：（1350±5）g；拌和水：（225±1）mL。

### 2.7.4 试验条件

（1）试体成型试验室的温度应保持在（20±2）℃，相对湿度应不低于 50%；

（2）试体带模养护的养护箱或雾室温度保持在（20±1）℃，相对湿度不低于 90%；

（3）试体养护箱水温度在（20±1）℃范围内。试验室空气温度和相对湿度及养护池水温在工作期间每天记录 1 次；养护箱或雾室的温度与相对湿度至少每 4h 记录 1 次，在自动控制的情况下记录次数可以酌减至一天记录 2 次。

### 2.7.5 水泥胶砂试件制作与养护

（1）试验准备。

仪器设备准备：试验前，将试模擦净，四周的模板与底座的接触面上应涂黄油，紧密装配，防止漏浆。内壁均匀刷薄层机油。搅拌锅、叶片和下料漏斗（或播料器）等用湿布擦干净（更换水泥品种时，也须用湿布擦干净）。

材料准备：

1）量水、加水：用量水器量 225mL 水（或用电子天平称 225g 水），将称量好的水加入搅拌锅内。

2）称水泥，加水泥：称 450g 水泥，称好的水泥加入搅拌锅内。

（2）胶砂搅拌。

低速 30s：把锅放在固定架上，上升至固定位置。立即开动机器，低速搅拌 30s。

低速 30s 加标准砂：在第二个 30s 开始的同时均匀加入标准砂。

高速 30s：标准砂全部加完后，把机器转至高速再拌 30s。

停拌 90s：在刚停的 15s 内用橡皮刮具，将叶片和锅壁上的胶砂刮至拌和锅内。

高速 60s：最后高速搅拌 60s。

各个搅拌阶段，时间误差应在 ±1s 以内，总搅拌时间为 4min。

手动控制时需要掌握各过程搅拌时间和加砂动作，自动控制胶砂搅拌机，可以先把标准砂倒入加砂箱，搅拌机自动控制各过程搅拌时间和动作。

（3）试件成型。

清理锅壁上胶砂：将锅壁上的胶砂清理到锅内并翻转搅拌胶砂使其更加均匀，成型时将胶砂分两层装入试模。

第一层：每个槽里约放 300 g 胶砂，先用料勺沿试模长度方向划动胶砂以布满模槽，再用大布料器（图 2.7.7）垂直架在模套顶部沿每个模槽来回一次将料层布平，接着振实 60 次。

第二层胶砂：用料勺沿试模长度方向划动胶砂以布满模槽，但不能接触已振实胶砂，再用小布料器（图 2.7.7）布平，振实 60 次。

（a）料铲第2层

（b）小布料器布平料层

（c）直边尺刮去多余胶砂

（d）直边尺抹

图 2.7.7 水泥胶砂试体成型

每次振实时可将一块用水湿过拧干、比模套尺寸稍大的棉纱布盖在模套上以防止振实时胶砂飞溅。

（4）取下试模，刮去多余的胶砂，并抹平。

刮去多余胶砂：振实完毕后，取下试模，用金属直边尺以近似 90°的角度（但向刮平方向稍斜）架在试模模顶的一端，然后沿试模长度方向以横向锯割动作慢慢向另一端移动，将超过试模部分的胶砂刮去。锯割动作的多少和直尺角度的大小取决于胶砂的稀稠程度，较稠的胶砂需要多次锯割，锯割动作要慢以防止拉动已振实的胶砂。

抹平：用拧干的湿毛巾将试模端板顶部的胶砂擦拭干净，再用同一直边尺以近乎水平的角度将试体表面抹平。抹平的次数要尽量少，总次数不应超过 3 次。最后将试模周边的胶砂擦除干净。

标记：然后在试模上作标记或加字条。

（5）脱模前的处理与养护。

养护：成型后，在试模上盖上水泥胶砂强度检验方法（ISO 法）专用盖板（图2.7.8），然后把试样放入雾室或湿气养护箱的水平架子上养护。养护时试模不应重叠。

图 2.7.8　水泥胶砂强度检验方法
专用盖板盖在成型的试模上

标记：养护到规定的脱模时间（24±2)h 时取出试模，用防水墨汁或颜料笔对试件进行编号和作其他标记。两个龄期以上的试件，在编号时应将同一试模中的三条试件分在两个以上龄期的组中。

（6）脱模。

脱模应非常小心，以防损伤试件，脱模时可用塑料锤或橡皮榔头或专门的脱模器。对 24h 龄期的试件，应在强度试验前 20min 脱模。

对 24h 以上的试件，应在成型后 20～24h 之间脱模。如经 24h 养护，会因脱模对强度造成损害时，可以延迟至 24h 以后脱模，但在试验报告中应予说明。

（7）水中养护。

将作好标记的试件水平或竖直放在（20±1)℃的水中养护，水平放置时刮平面应朝上。养护期间，试件间隔和试件上表面的水深不得小于 5mm，更换养护用水时不能超过 50％。每个养护池（或容器）内只能养护同类型的水泥试件。

## 2.7.6　填写试验记录表

根据试验结果填写试验记录表，见表 2.7.3。

表 2.7.3　　　　　　　　　　　　试 验 记 录 表

| 试验编号 | | 试验日期 | | |
|---|---|---|---|---|
| 样品编号 | | 环境条件 | 温度：　　℃ | 湿度：　　％ |
| 样品名称 | | 牌号/强度等级 | | |
| 生产日期 | | 试验人员 | | |
| 样品描述 | | 校核人员 | | |
| 检测依据 | | | | |

| 主要仪器设备使用情况 | 试验设备名称 | 型号规格 | 编号 | 使用情况 |
|---|---|---|---|---|
| | | | | |
| | | | | |
| | | | | |

| 水泥/g | 标准砂/g | 水/g | 下料时间 | 养护箱温度/℃ | 养护箱湿度/% |
|---|---|---|---|---|---|
| | | | 时　　分 | | |
| | | | 时　　分 | | |

| 成型日期 | 　　年　　月　　日 |
|---|---|

备注：

**【学生自评】**

小组自评表见表 2.7.4，小组成员自评表见表 2.7.5。

表 2.7.4　　　　　　　　　　**小 组 自 评 表**

| 教学阶段 | 操作流程 | 自评核查结果 | 成绩 |
|---|---|---|---|
| 试验准备 | 1. 取样，过 0.9mm 筛（5 分） | | |
| | 2. 烘干后冷却（5 分） | | |
| | 3. 检查仪器胶砂搅拌机是否运行正常（10 分） | | |
| | 4. 正确选择天平（5 分） | | |
| | 5. 天平调平、预热、校准（5 分） | | |
| 反思纠错 | （准备工作有无错、漏，纠正） | | |
| 试验操作 | 6. 三联模擦净、抹油（5 分） | | |
| | 7. 湿布擦拭胶砂搅拌机叶片、锅等部件（5 分） | | |
| | 8. 试件制备材料取样是否正确（10 分） | | |
| | 9. 加入材料顺序是否正确（10 分） | | |
| | 10. 添加标准砂时间是否正确（10 分） | | |
| | 11. 搅拌时间控制是否正确（5 分） | | |
| | 12. 装模步骤、操作是否规范（10 分） | | |
| 反思纠错 | （试验操作工作有无错、漏，纠正） | | |
| 劳动素养 | 清理、归位、关机、完善仪器设备运行记录（10 分） | | |
| | 试验操作台及地面清理（5 分） | | |
| 合计 | | | |

表 2.7.5　　　　　　　　　　**小 组 成 员 自 评 表**

| 检测任务 | 水泥胶砂试体成型 | | 本人 | 小组其他成员 | | |
|---|---|---|---|---|---|---|
| 评价项目 | 评价标准 | 分值 | | 1 | 2 | 3 |
| 时间观念 | 本次检测是否存在迟到早退现象 | 20 | | | | |
| 学习态度 | 积极参与检测任务的准备与实施 | 20 | | | | |
| 专业能力 | 检测准备和实施过程中细心、专业技能和动手能力 | 20 | | | | |
| 沟通协作 | 沟通、倾听、团队协作能力 | 20 | | | | |
| 劳动素养 | 爱护仪器设备、保持环境卫生 | 20 | | | | |
| 小计 | | 100 | | | | |

**【小组成果展示】**

小组派代表介绍从试验准备到结束的全过程，小组中任务的分配、成员合作、检测过程的规范性等，其他小组依据小组成果展示对其进行评价。小组互评表见表 2.7.6，教师综合评价表见表 2.7.7。

表 2.7.6                              小 组 互 评 表

| 检测任务 | 水泥胶砂试体成型 | |
|---|---|---|
| 评价项目 | 分 值 | 得 分 |
| 课前准备情况 | 20 | |
| 成果汇报 | 20 | |
| 团队合作 | 20 | |
| 工作效率 | 10 | |
| 工作规范 | 10 | |
| 劳动素养 | 20 | |
| 小计 | 100 | |

表 2.7.7                          教 师 综 合 评 价 表

| 检测任务 | 水泥胶砂试体成型 | | |
|---|---|---|---|
| 评价项目 | 评 价 标 准 | 分值 | 得分 |
| 考勤 | 无迟到、早退、旷课现象 | 20 | |
| 课前 | 课前任务完成情况 | 10 | |
| 课中 | 态度认真、积极主动 | 10 | |
| | 具有安全意识、规范意识 | 10 | |
| | 检测过程规范、无误 | 10 | |
| | 团队协作、沟通 | 10 | |
| | 职业精神 | 10 | |
| | 检测项目完整，操作规范，数据处理方法正确 | 10 | |
| | 作业完成情况 | 10 | |
| 小计 | | 100 | |

【职业能力训练】

1. 单项选择题

(1) 试体成型试验室的温度应保持在（        ），相对湿度应不低于 50%。

A.（20±2）℃                              B.（20±1）℃

C.（25±2）℃                              D.（25±1）℃

(2) 试体带模养护的养护箱或雾室温度保持在（        ），相对湿度不低于 90%。试体养护池水温度应在（        ）范围内。

A.（20±2）℃                              B.（20±1）℃

C.（25+2）℃                              D.（25±1）℃

(3) 试验室空气温度和相对湿度及养护池水温在工作期间每天至少记录一次。养护箱或雾室的温度与相对湿度至少每（        ）h 记录 1 次，在自动控制的情况下记录次数可以酌减至一天记录 2 次。在温度给定范围内，控制所设定的温度应为此范围中值。

    A. 4                                    B. 8

    C. 12                                   D. 24

（4）胶砂的质量配合比应为一份水泥、一份标准砂和半份水（水灰比为 0.5）。一锅胶砂成三条试体，每锅材料需要量（　　　）。

    A. （450±2）g     （1350±2）g     （225±2）mL

    B. （450±1）g     （1350±5）g     （225±1）mL

    C. （450±2）g     （1350±1）g     （225±2）mL

    D. （450±2）g     （1350±5）g     （225±1）mL

2. 简答题

（1）简述胶砂成型的步骤。

（2）制作水泥胶砂试件时，对试模有何要求？为什么？

（3）胶砂强度检测试验时，胶砂试件的养护条件是什么？

（4）你认为在本次试验中自己学到了什么？有什么建议？

# 任务 2.8  水泥胶砂强度检测——抗折强度

## 【任务描述】

LH 水库的拦河坝分别由土石坝和混凝土坝组成，总长 1148m。中间河床段为混凝土坝，坝长 254.5m，混凝土浇筑 46.86 万 $m^3$。现需对运动场的水泥进行复检。分析检测项目后下达检测项目水泥胶砂强度。

请你对水泥胶砂强度——抗折强度进行检测。

## 【学习目标】

**知识目标：**

（1）水泥胶砂强度——抗折强度检测的基本理论知识。

（2）水泥胶砂强度——抗折强度仪器主要参数及使用、检验方法。

（3）水泥胶砂强度——抗折强度检验结果的计算及处理。

**能力目标：**

（1）能熟练进行水泥胶砂强度——抗折强度试验。

（2）能够对检验结果进行正确计算及处理。

（3）对试验中出现的一般问题学会分析及处理。

**素质目标：**

（1）培养学生的动手能力和团队协作能力及数据处理的能力。

（2）树立安全意识，遵守操作规程。

**思政目标：**

培养学生吃苦耐劳、德技并重的劳动精神和工匠精神。

## 【任务工作单】

工作任务分解表见表 2.8.1。

表 2.8.1　　　　　　　工 作 任 务 分 解 表

| 分组编号 | | 日期 | |
|---|---|---|---|
| 学习任务：水泥胶砂强度检测——抗折强度 | | | |

任务分解：

1. 查询文献熟悉水泥胶砂强度检测——抗折强度相关知识。

2. 查阅规范熟悉水泥胶砂强度检测——抗折强度应用的仪器设备、环境因素、操作方法。

3. 查阅规范熟悉水泥胶砂强度检测——抗折强度数据处理。

4. 小组合作完成水泥胶砂强度检测——抗折强度实验操作、原始记录及数据处理。

5. 完善水泥胶砂强度——抗折强度检测思维导图

## 【任务分组】

小组成员组成及任务分工表见表 2.8.2。

表 2.8.2                                              小组成员组成及任务分工表

| 班级 | | | 组号 | | 指导教师 | |
|------|------|------|------|------|------|------|
| 组长 | | | 学号 | | | |
| 组员 | 姓名 | 学号 | 姓名 | 学号 | | |
| | | | | | | |
| | | | | | | |
| | | | | | | |
| 任务分工 | | | | | | |

【思维导图】

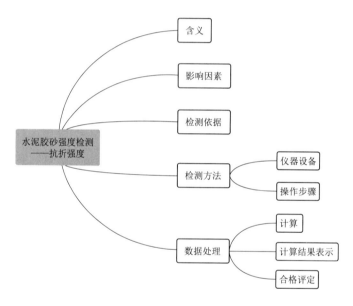

【获取信息】

引导问题 1：你查阅了哪些参考文献？请分别列出。查阅文献有哪些收获？

_____

_____

_____

_____

引导问题 2：水泥胶砂强度影响因素有哪些？

_____

_____

_____

_____

引导问题 3：水泥胶砂强度不合格水泥如何处理？

_____

_____

_____

_____

**【相关基础知识】**

水泥胶砂强度反映了水泥硬化到一定龄期后胶结能力的大小，是确定水泥强度等级的依据。它是水泥的主要质量指标之一。

据受力形式的不同，水泥强度的表示方法通常有抗压、抗折两种。强度的计量单位为兆帕（MPa）。

抗折强度：水泥硬化胶砂试体承受弯曲破坏时的最大应力。抗压强度：水泥硬化胶砂试体承受压缩破坏时的最大应力。

水泥产品标准中是直接用 28d 的抗压强度值来表示等级。在标准中规定的强度等级往往有几个龄期的指标，所以某强度等级水泥除要表示强度等级的龄期抗压强度达到规定的强度值外，根据标准要求，还要达到相应的其他龄期规定的强度值。某一强度等级符合标准要求指的是各龄期的抗折、抗压强度值都符合规定值，否则就只能降低强度等级或为不合格水泥。检验水泥强度的目的：一是为了确定水泥等级，评定水泥质量的好坏；二是为设计混凝土强度提供依据。

根据测定结果，硅酸盐水泥分为 42.5、42.5R、52.5、52.5R、62.5 和 62.5R 六个强度等级。此外，依据水泥 3d 强度的不同又分为普通型和早强型两种类型，其中代号为 R 的为早强型水泥。依据《通用硅酸盐水泥》（GB 175—2023），各等级通用硅酸盐水泥的各龄期抗折强度应符合表 2.8.2 的要求。

表 2.8.3　　　　　　　　水泥胶砂强度——抗折强度

| 强度等级 | 抗折强度 | |
| --- | --- | --- |
| | 3d | 28d |
| 32.5 | ≥3.0 | ≥5.5 |
| 32.5R | ≥4.0 | |
| 42.5 | ≥4.0 | ≥6.5 |
| 42.5R | ≥4.5 | |
| 52.5 | ≥4.5 | ≥7.0 |
| 52.5R | ≥5.0 | |
| 62.5 | ≥5.0 | ≥8.0 |
| 62.5R | ≥5.5 | |

影响水泥强度的因素较多，如熟料的矿物组成、煅烧程度、冷却速度、水泥细度、混合材掺入量、石膏的掺量、试体成型时的加水量、试验养护时的温度和湿度、水泥储存的时间、条件等。

1. 熟料矿物组成

硅酸盐水泥熟料的矿物组成是决定水泥强度的主要因素。硅酸盐水泥熟料中，$C_3S$ 水化快，早期强度高，强度增进率大，是水泥强度的主要来源；$C_2S$ 凝结硬化慢，早期强度低，后期强度增进率大；熔剂矿物中 $C_3A$ 水化最快，3d 的强度基本发挥出来，3d 以后的强度不再增长，甚至倒缩；$C_4AF$ 水化速度早期介于 $C_3A$ 和 $C_3S$ 之间，但后期发展不如 $C_3S$。

2. 煅烧程度

煅烧完全、冷却速度快的熟料制成的水泥强度高；相反，煅烧不完全、冷却速度慢的熟料制成的水泥强度低。

3. 水泥细度

水泥细度对水泥强度和强度增长速度也有着十分重要的影响。提高水泥的粉磨细度，能使水泥颗粒的表面积增大，因而水化反应也进行得快，水泥的硬化速度增快，早期强度高。根据大量的实验证明，$30\mu m$ 以下的颗粒活性最大，可以加速水泥凝结硬化速度，提高早期强度。但粉磨过细在经济技术上不合理，所需水量大，后期强度反而下降。

4. 混合材掺入量

在生产水泥时，掺加适量的混合材，一方面可以降低水泥生产成本，改善水泥性能；另一方面还可以综合利用工业废渣，减少环境污染。一般混合材掺量增加，水泥强度下降。

5. 石膏掺入量

在水泥中掺加适量石膏，主要是起调节凝结时间的作用，还可以提高水泥强度。适量石膏有利于提高水泥强度，特别是早期强度，但石膏掺量过多时，可引起水泥安定性不良。

6. 其他

试体成型时的加水量不足时，水泥水化慢，水泥强度偏低。

试验养护时的温度和湿度对水泥强度有明显影响。提高试验养护时的温度和湿度，可以提高水泥的早期强度，但温度和湿度过高，水泥的后期强度反而下降，尤其是抗折强度。水泥强度随储存时间的延长而降低。一般在储存条件较好时，水泥储存三个月则强度平均下降 10%，六个月降低约 30%。

因此，水泥强度试验要控制环境的温度、湿度、水灰比，并规定龄期，严格控制加水量，以使试验结果具有可比性。

【检测任务实施】

**2.8.1　试验目的**

检验水泥 3d、28d 龄期的抗折强度和抗压强度，以确定水泥的强度等级；或已知水泥的强度等级，检验水泥的抗折强度是否满足规范要求。

**2.8.2　试验依据**

《水泥胶砂强度检验方法（ISO 法）》（GB/T 17671—2021）。

### 2.8.3　仪器设备

水泥胶砂电动抗折试验机　抗折试验机应符合《水泥胶砂电动抗折试验机》（JC/T 724—2005）的要求。试件在夹具中受力状态如图 2.8.1 所示。

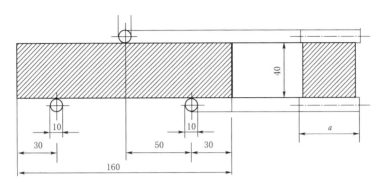

图 2.8.1　抗折强度测定加荷图（单位：mm）

通过 3 根圆柱轴的 3 个竖向平面应该平行，并在试验时继续保持平行和等距离垂直试体的方向，其中一根支撑圆柱和加荷圆柱能轻微地倾斜使圆柱与试体完全接触，以使荷载沿试体宽度方向均匀分布，同时不产生任何扭转应力。

抗折强度也可用性能符合要求的其他试验机，此时应使用符合上述规定的夹具。设备要保持水平存放，定期检查设备的灵敏度。

电动抗折试验机加荷速度为（50±10）N/s。

### 2.8.4　试验条件

试体抗折强度试验室的温度应保持在（20±2）℃，相对湿度应不低于 50%；

### 2.8.5　试验操作

1. 抗折强度试验试体准备

除 24h 龄期或延迟至 48h 脱模的试体外，任何到龄期的试体应在试验（破型）前提前从水中取出。每个龄期取出 3 条试体先做抗折试验，试验前先抹去试体表面附着的水分和砂粒，并用湿布覆盖至试验为止。

抗折强度试验试体的龄期是从水泥加水搅拌开始试验时算起。不同龄期强度试验在下列时间里进行：①24h±15min；②48h±30min；③72h±45min；④7d⊥2h；⑤28d±8h。

2. 水泥胶砂强度——抗折强度试验

（1）清理仪器。

将抗折试验机夹具的圆柱表面清理干净，并调整杠杆处于平衡状态。

（2）试件放入夹具。

将试件放入夹具内，使试件成型时的侧面与夹具的圆柱接触。调整夹具，使杠杆在试件折断时尽可能接近平衡位置。夹持试样如图 2.8.2 所示，试体折断如图 2.8.3 所示。

图 2.8.2　夹持试样　　　　　　　　图 2.8.3　试体折断

注意：检查试体两侧气孔情况，试体放入夹具时，将气孔多的一面向上作为加荷面，尽量避免大气孔在加荷圆柱下，气孔少的一面向下作为受拉面。

用杠杆式抗折试验机时，试体放入前应使杠杆在不受荷的情况下成平衡状态，然后将试体放在夹具中间，并根据试体龄期和标号，将杠杆调整到一定高度，使其在试体折断时杠杆尽可能接近平衡（即零点）位置，如果第一块试体折断时，杠杆的位置高于或低于平衡位置，那么第二、第三块试验时，可将杠杆再调低或调高一些。

（3）加荷。

以（$50\pm10$）N/s 的速度进行加荷，直到试件被折断，记录破坏荷载 $P$（N）或抗折强度 $f_f$（MPa）。

注意：

保持半截棱柱体（断块）处于潮湿状态直至抗压试验开始。

### 2.8.6　填写试验记录表

根据试验结果，填写试验记录表，见表 2.8.4。

表 2.8.4　　　　　　　　　　　　　试　验　记　录　表

| 试验编号 | | 试验日期 | | |
|---|---|---|---|---|
| 样品编号 | | 环境条件 | 温度：　　　℃ | 湿度：　　　% |
| 样品名称 | | 牌号/强度等级 | | |
| 生产日期 | | 试验人员 | | |
| 样品描述 | | 校核人员 | | |
| 检测依据 | | | | |
| 主要仪器设备使用情况 | 试验设备名称 | 型号规格 | 编号 | 使用情况 |
| | | | | |
| | | | | |
| | | | | |

| 试验编号 | | | | 试验日期 | | |
|---|---|---|---|---|---|---|
| 养护条件 | 温度： | ℃ 湿度： | | % | 成型日期 | 年 月 日 |
| | 龄期/d | 试验日期 | 试件尺寸/mm | 破坏荷载/kN | 抗折强度值/MPa | 抗折强度平均值/MPa |
| 抗折强度 | 3 | | | | | |
| | | | | | | |
| | | | | | | |
| | 28 | | | | | |
| | | | | | | |
| | | | | | | |
| 说明： | | | | | | |

### 2.8.7 试验数据处理

按下式计算每条试件的抗折强度，计算结果精确至 0.1MPa：

$$f_f = 3PL/(2bh^2) = 0.00234P \tag{2.8.1}$$

式中　$P$——破坏荷载，N；

　　　$L$——支撑圆柱的中心距离，100mm；

　　$b$、$h$——试件断面的宽和高，均为 40mm。

计算结果填入表 2.8.4。

### 2.8.8 水泥胶砂强度——抗折强度评定

每组试件的抗折强度，以三条棱柱体试件抗折强度测定值的算数平均值作为试验结果；当三个测定值中仅有一个超出平均值的±10%时，应剔除这个数据，再以其余两个测定值的平均数作为试验结果；当三个强度值中有两个超出平均值±10%时，则以剩余一个作为抗折强度结果。

计算结果填入表 2.8.4。

### 2.8.9 水泥胶砂强度——抗折强度评定举例

【例 2.8.1】已知：42.5 的普通硅酸盐水泥试验的 3 天抗折强度分别为 4.3MPa、3.8MPa、4.2MPa。请计算其 3 天抗折强度结果，并评定其 3 天抗折强度是否合格。

解：

计算 3 个试件抗折强度平均值：

$$(4.3+3.8+4.2)/3 = 4.1(MPa)$$

查出 3 个强度值中最小值为 3.8MPa，计算最小值与平均值偏差

$$(3.8-4.1)/4.1×100\% = -7.3\%$$

查出 3 个强度值中最大值为 4.3MPa，计算最大值与平均值偏差

$$(4.3-4.1)/4.1×100\% = 4.9\%$$

根据以上计算结果可以看出最大值与最小值均未超出平均值的±10%，因此三个抗折强度值的平均值作为抗折强度试验结果。

与《通用硅酸盐水泥》(GB 175—2023)中规定 42.5 普通硅酸盐 3d 抗折强度不低于 3.5MPa，因此该水泥 3 天抗折强度合格。

【例 2.8.2】 已知：42.5 的普通硅酸盐水泥试验的 3d 抗折强度分别为 4.3MPa、3.5MPa、4.2MPa。请计算其 3d 抗折强度结果，并评定其 3d 抗折强度是否合格。

解：

计算 3 个试件抗折强度平均值：

$$(4.3+3.5+4.2)/3=4.0(MPa)$$

查出 3 个强度值中最小值为 3.5MPa，计算最小值与平均值偏差

$$(3.5-4.0)/4.0\times100\%=-12.5\%$$

查出 3 个强度值中最大值为 4.3MPa，计算最大值与平均值偏差

$$(4.3-4.0)/4.0\times100\%=7.5\%$$

根据以上计算结果可以看出最小值超出平均值的±10%，最大值未超出平均值的±10%，因此应剔除最小值。

$$(4.3+4.2)/2=4.2(MPa)$$

抗折强度试验结果为 4.2MPa。

与《通用硅酸盐水泥》(GB 175—2023)中规定 42.5 普通硅酸盐 3d 抗折强度不低于 3.5MPa，因此该水泥 3d 抗折强度合格。

【例 2.8.3】 已知：42.5 的普通硅酸盐水泥试验的 3d 抗折强度分别为 4.3MPa、3.8MPa、4.8MPa。请计算其 3d 抗折强度结果，并评定其 3d 抗折强度是否合格。

解：

计算 3 个试件抗折强度平均值：

$$(4.3+3.8+4.8)/3=4.3(MPa)$$

查出 3 个强度值中最小值为 3.8MPa，计算最小值与平均值偏差

$$(3.8-4.3)/4.3\times100\%=-10.6\%$$

查出 3 个强度值中最大值为 4.8MPa，计算最大值与平均值偏差

$$(4.8-4.3)/4.3\times100\%=11.6\%$$

根据以上计算结果可以看出最大值与最小值均超出平均值的±10%，因此应剔除最大值与最小值，抗折强度试验结果为 4.3MPa。

与《通用硅酸盐水泥》(GB 175—2023)中规定 42.5 普通硅酸盐 3d 抗折强度不低于 3.5MPa，因此该水泥 3d 抗折强度合格。

【学生自评】

小组自评表见表 2.8.5，小组成员自评表见表 2.8.6。

表 2.8.5　　　　　　　　　　　　小 组 自 评 表

| 教学阶段 | 操 作 流 程 | 自评核查结果 | 成绩 |
|---|---|---|---|
| 试验准备 | 1. 取出水泥胶砂试体，用湿布覆盖（5分） | | |
| | 2. 检查仪器抗折试验机是否运行正常（10分） | | |
| 反思纠错 | （准备工作有无错、漏，纠正） | | |

续表

| 教学阶段 | 操　作　流　程 | 自评核查结果 | 成绩 |
|---|---|---|---|
| 试验操作 | 3. 抗折强度试验试体准备（10分） | | |
| | 4. 清理仪器（5分） | | |
| | 5. 试件放入夹具（10分） | | |
| | 6. 加荷（5分） | | |
| 反思纠错 | （试验操作工作有无错、漏，纠正） | | |
| 数据处理 | 7. 计算每条试体抗折强度（10分） | | |
| | 8. 计算平均值。（10分） | | |
| | 9. 各强度数据与平均值进行比较，舍弃不合规范数据（10分） | | |
| | 10. 取平均值（5分） | | |
| | 11. 合格性判定（5分） | | |
| 反思纠错 | （数据处理工作有无错、漏，纠正） | | |
| 劳动素养 | 清理、归位、关机，完善仪器设备运行记录（10分） | | |
| | 试验操作台及地面清理（5分） | | |
| 合计 | | | |

表 2.8.6　　　　　　　　　小 组 成 员 自 评 表

| 检测任务 | 水泥胶砂强度检测——抗折强度 | | 本人 | 小组其他成员 | | |
|---|---|---|---|---|---|---|
| 评价项目 | 评价标准 | 分值 | | 1 | 2 | 3 |
| 时间观念 | 本次检测是否存在迟到早退现象 | 20 | | | | |
| 学习态度 | 积极参与检测任务的准备与实施 | 20 | | | | |
| 专业能力 | 检测准备和实施过程中细心、专业技能和动手能力 | 20 | | | | |
| 沟通协作 | 沟通、倾听、团队协作能力 | 20 | | | | |
| 劳动素养 | 爱护仪器设备、保持环境卫生 | 20 | | | | |
| 小计 | | 100 | | | | |

## 【小组成果展示】

　　小组派代表介绍从试验准备到结束的全过程，小组中任务的分配、成员合作、检测过程的规范性等，其他小组依据小组成果展示对其进行评价。小组互评表见表 2.8.7，教师综合评价表见表 2.8.8。

表 2.8.7　　　　　　　　　小 组 互 评 表

| 检测任务 | 水泥胶砂强度检测——抗折强度 | |
|---|---|---|
| 评价项目 | 分　值 | 得　分 |
| 课前准备情况 | 20 | |
| 成果汇报 | 20 | |

续表

| 检测任务 | 水泥胶砂强度检测——抗折强度 | |
|---|---|---|
| 团队合作 | 20 | |
| 工作效率 | 10 | |
| 工作规范 | 10 | |
| 劳动素养 | 20 | |
| 小计 | 100 | |

**表 2.8.8**           **教 师 综 合 评 价 表**

| 检测任务 | 水泥胶砂强度检测——抗折强度 | | |
|---|---|---|---|
| 评价项目 | 评 价 标 准 | 分 值 | 得 分 |
| 考勤 | 无迟到、早退、旷课现象 | 20 | |
| 课前 | 课前任务完成情况 | 10 | |
| 课中 | 态度认真、积极主动 | 10 | |
| | 具有安全意识、规范意识 | 10 | |
| | 检测过程规范、无误 | 10 | |
| | 团队协作、沟通 | 10 | |
| | 职业精神 | 10 | |
| | 检测项目完整，操作规范，数据处理方法正确 | 10 | |
| | 作业完成情况 | 10 | |
| 小计 | | 100 | |

**【职业能力训练】**

1. 单项选择题

水泥胶砂强度试验中，抗折强度是指（　　　　）。

A. 水泥在受到弯曲力作用下的强度

B. 水泥在受到压力作用下的强度

C. 水泥在受到拉力作用下的强度

D. 水泥在受到剪切力作用下的强度

2. 简答题

（1）已知：42.5 的普通硅酸盐水泥试验的 28d 抗折强度试验结果分别为 8.1MPa、7.9MPa、7.6MPa。请计算其 28d 抗折强度结果，并评定其 28d 抗折强度是否合格。

_____

_____

_____

_____

（2）已知：42.5 的普通硅酸盐水泥试验的 28d 抗折强度试验结果分别为 8.1MPa、

7.9MPa、6.8MPa。请计算其 28d 抗折强度结果，并评定其 28d 抗折强度是否合格。

_____

_____

_____

_____

_____

_____

_____

（3）已知：42.5 的普通硅酸盐水泥试验的 28d 抗折强度试验结果分别为 8.6MPa、7.9MPa、6.8MPa。请计算其 28d 抗折强度结果，并评定其 28d 抗折强度是否合格。

_____

_____

_____

_____

_____

_____

# 任务 2.9　水泥胶砂强度检测——抗压强度

## 【任务描述】

LH 水库的拦河坝分别由土石坝和混凝土坝组成，总长 1148m。中间河床段为混凝土坝，坝长 254.5m，混凝土浇筑 46.86 万 m³。现需对运动场的水泥进行复检。分析检测项目后下达检测项目水泥胶砂强度。

请你对水泥胶砂强度——抗压强度进行检测。

## 【学习目标】

**知识目标：**

（1）水泥胶砂强度——抗压强度检测的基本理论知识。

（2）水泥胶砂强度——抗压强度仪器主要参数及使用、检验方法。

（3）水泥胶砂强度——抗压强度检验结果的计算及处理。

**能力目标：**

（1）能熟练进行水泥胶砂强度——抗压强度试验。

（2）能够对检验结果进行正确计算及处理。

（3）对试验中出现的一般问题学会分析及处理。

**素质目标：**

（1）培养学生的动手能力和团队协作能力及数据处理的能力。

（2）树立安全意识，遵守操作规程。

**思政目标:**

培养学生吃苦耐劳、德技并重的劳动精神和工匠精神。

## 【任务工作单】

表 2.9.1                     工 作 任 务 分 解 表

| 分组编号 | | 日期 | |
|---|---|---|---|

学习任务:水泥胶砂强度检测——抗压强度

任务分解:

1. 查询文献熟悉水泥胶砂强度检测——抗压强度。
2. 查阅规范熟悉水泥胶砂强度检测——抗压强度应用的仪器设备、环境因素、操作方法。
3. 查阅规范熟悉水泥胶砂强度检测——抗压强度数据处理。
4. 小组合作完成水泥胶砂强度检测——抗压强度实验操作、原始记录及数据处理。
5. 完善水泥胶砂强度检测——抗压强度思维导图

## 【任务分组】

小组成员组成及任务分工表见表 2.9.2。

表 2.9.2                   小组成员组成及任务分工表

| 班级 | | 组号 | | 指导教师 | |
|---|---|---|---|---|---|
| 组长 | | 学号 | | | |
| 组员 | 姓名 | 学号 | 姓名 | | 学号 |
| | | | | | |
| | | | | | |
| | | | | | |
| 任务分工 | | | | | |

## 【思维导图】

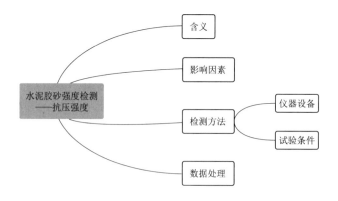

## 【获取信息】

引导问题 1:你查阅了哪些参考文献?请分别列出。查阅文献有哪些收获?

_____

_____

引导问题 2：水泥胶砂抗压强度作用？

引导问题 4：水泥为何要进行 3d 及 28d 强度检验？

**【相关基础知识】**

根据《通用硅酸盐水泥》（GB 175—2023）规定，各等级通用硅酸盐水泥的各龄期抗折强度应符合表 2.9.3 的要求。

表 2.9.3 水泥胶砂强度——抗压强度

| 强 度 等 级 | 抗 压 强 度 | |
|---|---|---|
| | 3d | 28d |
| 32.5 | ≥12.0 | ≥32.5 |
| 32.5R | ≥17.0 | |
| 42.5 | ≥17.0 | ≥42.5 |
| 42.5R | ≥22.0 | |
| 52.5 | ≥22.0 | ≥52.5 |
| 52.5R | ≥27.0 | |
| 62.5 | ≥27.0 | ≥62.5 |
| 62.5R | ≥32.0 | |

**【检测任务实施】**

## 2.9.1 试验依据

《水泥胶砂强度检验方法（ISO 法）》（GB/T 17671—2021）。

## 2.9.2 仪器设备

1. 抗压试验机和抗压夹具

（1）试验机最大荷载以 200～300kN 为佳，定期检查试验机载荷示值，误差不得超过±1.0％，并具有按（2400±200）N/s 速率的加荷能力，应有一个能指示试件破坏时荷载并把它保持到试验机卸荷以后的指示器（可用表盘里的峰值指针或显示器来达到）；人工操作的试验机应配有一个速度动态装置以便于控制荷载增加。

（2）抗压夹具应满足《40mm×40mm 水泥抗压夹具》（JC/T 683—2005）的全部要求，应使用带有球座的抗压夹具，球座应保持润滑、清洁、灵敏，夹具上下压板的尺寸和要求必须符合标准的规定。抗压夹具受压面积为 40mm×40mm，夹具在压力机上位置如图 2.9.1 所示。

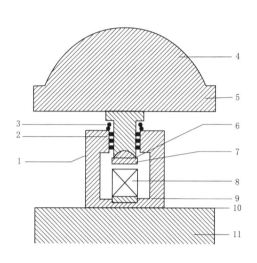

图 2.9.1　抗压强度试验夹具

1—滚珠轴承；2—滑块；3—复位弹簧；4—压力机球座；5—压力机上压板；6—夹具球座；
7—夹具上压板；8—试体；9—底板；10—夹具下垫板；11—压力机下压板

2. 试验前做好检查工作

试验前应检查试验室温度、湿度是否在标准规定的范围之内，如达不到标准要求，应及时进行调整。

### 2.9.3　试验条件

试验室的温度应保持在（20±2）℃，相对湿度应不低于 50%；

### 2.9.4　水泥胶砂强度——抗压强度试验步骤

1. 清理抗压夹具

试验前，应将试件受压面与抗压夹具清理干净。

2. 试块放置于抗压夹具上

将抗压试验后的 6 个断块，立即在断块的侧面上，进行抗压试验。抗压试验须用抗压夹具，使试件受压面积为 40mm×40mm。试件的底面应紧靠夹具上的定位梢，断块露出上压板外的部分应不少于 10mm。

3. 加荷

在整个加荷过程中，夹具应位于压力机承压板中心，以（2400±200）N/s 的速率均匀地加荷直至破坏，记录破坏荷载 $P$（kN）。

4. 清理，重复试验

试体受压破坏后取出，清除压板上黏着的杂物，继续下一次试验。

## 2.9.5 填写试验记录表格

根据试验结果，填写试验记录表，见表 2.9.4。

表 2.9.4             试 验 记 录 表

| 试验编号 | | | 试验日期 | | | |
|---|---|---|---|---|---|---|
| 样品编号 | | | 环境条件 | | 温度：　℃ 湿度：　% | |
| 样品名称 | | | 牌号/强度等级 | | | |
| 生产日期 | | | 试验人员 | | | |
| 样品描述 | | | 校核人员 | | | |
| 检测依据 | | | | | | |
| 主要仪器设备使用情况 | 试验设备名称 | | 型号规格 | 编号 | 使用情况 | |
| | | | | | | |
| | | | | | | |
| | | | | | | |
| | | | | | | |
| 养护条件 | | | | 成型日期 | | |
| 抗压强度 | 龄期/d | 试验日期 | 试件尺寸/mm | 破坏荷载/kN | 抗压强度值/MPa | 抗压强度平均值/MPa |
| | 3 | | | | | |
| | | | | | | |
| | | | | | | |
| | | | | | | |
| | | | | | | |
| | | | | | | |
| | 28 | | | | | |
| | | | | | | |
| | | | | | | |
| | | | | | | |
| | | | | | | |
| | | | | | | |

说明：

## 2.9.6 水泥胶砂强度——抗压强度试验数据处理

按下式计算每块试件的抗压强度 $f_c$。

$$f_c = P/A = 0.625P \qquad (2.9.1)$$

式中    $P$——破坏荷载，kN；

      $A$——受压面积，40mm×40mm。

抗压强度计算结果用修约法精确至 0.1MPa。

### 2.9.7 水泥胶砂强度——抗压强度合格性评定

每组试件的抗压强度，以三条棱柱上得到的六个抗压强度测定值的算数平均值作为试验结果。

如 6 个测定值中仅有一个超出平均值的 ±10% 时，应剔除这个数据，再以其余 5 个测定值的平均数作为试验结果。

如果 5 个测定值中再有超出其平均值 ±10% 的，则该组结果作废。

当 6 个测定值中同时有两个或两个以上超出平均值的 ±10% 时，则该组结果作废。

根据上述测得的抗压强度的试验结果，按相应水泥标准确定其水泥强度等级或评定水泥质量是否合格。

### 2.9.8 水泥胶砂强度——抗压强度评定举例

【例 2.9.1】 已知：42.5 的普通硅酸盐水泥试验的 28d 抗压强度分别为 45.6MPa、46.3MPa、46.1MPa、44.2MPa、47.8MPa、48.4MPa。请计算其 28d 抗压强度结果，并评定其 28d 抗压强度是否合格。

解：

计算 6 个试件抗压强度平均值：

$$(45.6+46.3+46.1+44.2+47.8+48.4)/6=46.4(MPa)$$

查出 6 个强度值中最小值为 44.2MPa，计算最小值与平均值偏差

$$(46.4-44.2)/46.4×100=4.73\%<10\%$$

查出 6 个强度值中最大值为 48.4MPa，计算最大值与平均值偏差

$$(48.4-46.4)/46.4×100=4.3\%<10\%$$

根据以上计算结果可以看出最大值与最小值均未超出平均值的 ±10%，因此 6 个抗压强度值的平均值作为抗压强度试验结果。

《通用硅酸盐水泥》（GB 175—2023）中规定 42.5 普通硅酸盐 28d 抗压强度不低于 42.5MPa，因此该水泥 28d 抗压强度合格。

【例 2.9.2】 已知：42.5 的普通硅酸盐水泥试验的 3d 抗压强度分别为 22.5MPa、22.8MPa、22.5MPa、23.2MPa、22.0MPa、25.9MPa。请计算其 3d 抗压强度结果，并评定其 3d 抗压强度是否合格。

解：

计算 6 个试件抗压强度平均值：

$$(22.5+22.8+22.5+23.2+22.0+25.9)/6=23.2(MPa)$$

查出 6 个强度值中最小值为 22.0MPa，计算最小值与平均值偏差

$$(23.2-22.0)/23.2×100=5.2\%<10\%$$

查出 6 个强度值中最大值为 25.9MPa，计算最大值与平均值偏差

$$(25.9-23.2)/23.2×100=11.6\%>10\%$$

根据以上计算结果可以看出最大值超出平均值的 10%，最小值未超出平均值的 −10%，因此应剔除最大值。

$$(22.5+22.8+22.5+23.2+22.0)/5=22.6(MPa)$$

查出剩余 5 个强度值中最小值为 22.0MPa，计算最小值与平均值偏差

$$(22.6-22.0)/22.6×100=2.7\%<10\%$$

查出剩余 5 个强度值中最大值为 23.2MPa，计算最大值与平均值偏差

$$(23.2-22.62)/22.6×100=2.7\%<10\%$$

根据以上计算结果可以看出剩余 5 个强度值中最大值与最小值均未超出平均值的 ±10%，因此以剩余 5 个抗压强度值的平均值 22.6MPa 作为抗压强度试验结果。

抗压强度试验结果为 22.6MPa。

《通用硅酸盐水泥》（GB 175—2023）中规定 42.5 普通硅酸盐 3d 抗压强度不低于 17.0MPa，因此该水泥 3d 抗压强度合格。

【例 2.9.3】 已知：42.5 的普通硅酸盐水泥试验的 3d 抗压强度分别为 25.5MPa、23.2MPa、22.1MPa、23.2MPa、21.5MPa、26.9MPa。请计算其 3d 抗压强度结果，并评定其 3d 抗压强度是否合格。

解：

计算 6 个试件抗压强度平均值：

$$(25.5+23.2+22.1+23.2+21.5+26.9)/6=23.7(MPa)$$

查出 6 个强度值中最小值为 21.5MPa，计算最小值与平均值偏差

$$(21.5-23.7)/23.72×100=9.3\%$$

查出 6 个强度值中最大值为 26.9MPa，计算最大值与平均值偏差

$$(26.9-23.7)/23.7×100=13.5\%$$

根据以上计算结果可以看出最大值超出平均值的 10%，最小值未超出平均值的 −10%，因此应剔除最大值。

$$(25.5+23.2+22.1+23.2+21.5)/5=23.1(MPa)$$

查出剩余 5 个强度值中最小值为 21.5MPa，计算最小值与平均值偏差

$$(21.5-23.1)/23.1×100=6.9\%$$

查出剩余 5 个强度值中最大值为 25.5MPa，计算最大值与平均值偏差

$$(25.5-23.1)/23.1×100=10.4\%$$

根据以上计算结果可以看出剩余 5 个强度值中最大值超出平均值的 10%。因此该水泥 3d 抗压强度不合格。

【例 2.9.4】 已知：42.5 的普通硅酸盐水泥试验的 28d 抗压强度分别 45.6MPa、55.2MPa、46.1MPa、43.2MPa、44.1MPa、54.8MPa。请计算其 28d 抗压强度结果，并评定其 28d 抗压强度是否合格。

解：

计算 6 个抗压强度平均值：

$$(45.6+55.2+46.1+43.2+44.1+54.8)/6=48.2(MPa)$$

查出 6 个强度值中最小值为 43.2MPa，计算最小值与平均值偏差

$$(43.2-48.2)/48.2×100=-10.4\%$$

查出 6 个强度值中最大值为 54.8MPa，计算最大值与平均值偏差

$$(54.8-48.2)/48.2×100=13.7\%$$

根据以上计算结果可以看出最大值与最小值超出平均值的±10%，因此该水泥28d抗压强度不合格。

**【学生自评】**

小组自评表见表2.9.5，小组成员自评表见表2.9.6。

**表 2.9.5　　　　　　　　小 组 自 评 表**

| 教学阶段 | 操　作　流　程 | 自评核查结果 | 成绩 |
|---|---|---|---|
| 试验准备 | 1. 检查仪器抗折试验机是否运行正常（10分） | | |
| | 2. 实验室试验条件（5分） | | |
| 反思纠错 | （准备工作有无错、漏，纠正） | | |
| 试验操作 | 3. 抗压强度试验试体准备（5分） | | |
| | 4. 清理夹具（5分） | | |
| | 5. 试件放入夹具（10分） | | |
| | 6. 加荷（5分） | | |
| 反思纠错 | （试验操作工作有无错、漏，纠正） | | |
| 数据处理 | 7. 计算每条试体抗压强度（10分） | | |
| | 8. 计算平均值。（10分） | | |
| | 9. 各强度数据与平均值进行比较，舍弃不合规范数据（10分） | | |
| | 10. 取平均值（5分） | | |
| | 11. 合格性判定（10分） | | |
| 反思纠错 | （数据处理工作有无错、漏，纠正） | | |
| 劳动素养 | 清理、归位、关机，完善仪器设备运行记录（10分） | | |
| | 试验操作台及地面清理（5分） | | |

**表 2.9.6　　　　　　　　小 组 成 员 自 评 表**

| 检测任务 | 水泥胶砂强度检测——抗压强度 | | 本人 | 小组其他成员 | | |
|---|---|---|---|---|---|---|
| 评价项目 | 评价标准 | 分值 | | 1 | 2 | 3 |
| 时间观念 | 本次检测是否存在迟到早退现象 | 20 | | | | |
| 学习态度 | 积极参与检测任务的准备与实施 | 20 | | | | |
| 专业能力 | 检测准备和实施过程中细心、专业技能和动手能力 | 20 | | | | |
| 沟通协作 | 沟通、倾听、团队协作能力 | 20 | | | | |
| 劳动素养 | 爱护仪器设备、保持环境卫生 | 20 | | | | |
| | 小计 | 100 | | | | |

**【小组成果展示】**

小组派代表介绍从试验准备到结束的全过程，小组中任务的分配、成员合作、检测过程的规范性等，其他小组依据小组成果展示对其进行评价。小组互评表见表 2.9.7，教师综合评价表见表 2.9.8。

表 2.9.7 小 组 互 评 表

| 检 测 任 务 | 水泥胶砂强度检测——抗压强度 | |
|---|---|---|
| 评价项目 | 分　　值 | 得　　分 |
| 课前准备情况 | 20 | |
| 成果汇报 | 20 | |
| 团队合作 | 20 | |
| 工作效率 | 10 | |
| 工作规范 | 10 | |
| 劳动素养 | 20 | |
| 小计 | 100 | |

表 2.9.8 教 师 综 合 评 价 表

| 检测任务 | 水泥胶砂强度检测——抗压强度 | | |
|---|---|---|---|
| 评价项目 | 评 价 标 准 | 分值 | 得分 |
| 考勤 | 无迟到、早退、旷课现象 | 20 | |
| 课前 | 课前任务完成情况 | 10 | |
| 课中 | 态度认真、积极主动 | 10 | |
| | 具有安全意识、规范意识 | 10 | |
| | 检测过程规范、无误 | 10 | |
| | 团队协作、沟通 | 10 | |
| | 职业精神 | 10 | |
| | 检测项目完整，操作规范，数据处理方法正确 | 10 | |
| | 作业完成情况 | 10 | |
| 小计 | | 100 | |

**【职业能力训练】**

1. 问答题

（1）在水泥胶砂抗压强度试验中，如果出现异常数据，应如何处理？

_____

_____

_____

（2）影响水泥胶砂抗压强度的主要因素有哪些？

_____

_____

_____

_____

（3）已知：42.5 的普通硅酸盐水泥 3d 抗压破坏荷载分别为 25.4kN、28.8kN、24.8kN、25.8kN、23.8kN、26.8kN。

_____

_____

_____

_____

（4）已知：42.5 的普通硅酸盐水泥试验的 28d 抗压强度分别 45.6MPa、53.2MPa、46.1MPa、43.2MPa、44.1MPa、54.8MPa。请计算其 28d 抗压强度结果，并评定其 28d 抗压强度是否合格。

_____

_____

_____

# 任务 2.10　水泥胶砂流动度检测

## 【任务描述】

LH 水库的拦河坝分别由土石坝和混凝土坝组成，总长 1148m。中间河床段为混凝土坝，坝长 254.5m，混凝土浇筑 46.86 万 $m^3$。现需对运动场的水泥进行复检。分析检测项目后下达检测项目水泥胶砂流动度。

请你对水泥胶砂流动度进行检测。

## 【学习目标】

### 知识目标：

（1）水泥胶砂流动度检测的基本理论知识。

（2）水泥胶砂流动度仪器使用、检验方法、检验结果的计算及处理。

### 能力目标：

（1）能熟练进行水泥胶砂流动度试验。

（2）能够对检验结果进行正确计算及处理。

（3）对试验中出现的一般问题学会分析及处理。

### 素质目标：

（1）培养学生的动手能力和团队协作能力及数据处理的能力。

（2）树立安全意识，遵守操作规程。

### 思政目标：

培养学生吃苦耐劳、德技并重的劳动精神和工匠精神。遵守操作规程。

## 【任务工作单】

工作任务分解表见表 2.10.1。

**表 2.10.1** 工 作 任 务 分 解 表

| 分组编号 | | 日期 | |
|---|---|---|---|

学习任务：水泥胶砂流动度检测

任务分解：

1. 查询文献熟悉水泥胶砂流动度检测基础知识。
2. 查阅规范熟悉水泥胶砂流动度检测应用的仪器设备、环境因素、操作方法。
3. 小组合作完成水泥胶砂流动度检测实验操作、原始记录及数据处理。
4. 完善水泥胶砂流动度检测思维导图

## 【任务分组】

小组成员组成及任务分工表见表 2.10.2。

**表 2.10.2** 小组成员组成及任务分工表

| 班级 | | 组号 | | 指导教师 | |
|---|---|---|---|---|---|
| 组长 | | 学号 | | | |
| 组员 | 姓名 | 学号 | 姓名 | 学号 | |
| | | | | | |
| | | | | | |
| | | | | | |
| 任务分工 | | | | | |

## 【思维导图】

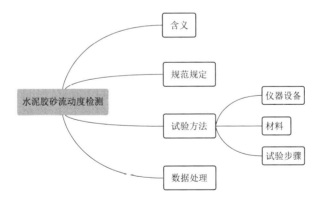

## 【获取信息】

引导问题 1：你查阅了哪些参考文献？请分别列出。查阅文献有哪些收获？

_____

_____

_____

_____

引导问题 2：水泥胶砂流动度检测对水泥有什么要求？

_____

_____

_____

_____

_____

引导问题 3：水泥胶砂流动度对混凝土性能有什么影响？

_____

_____

_____

_____

_____

**【相关基础知识】**

水泥胶砂流动度是表示水泥胶砂流动性的一种量度，是水泥胶砂可塑性的反映。在一定加水量下，流动度取决于水泥的需水性。流动度以水泥胶砂在流动桌上扩展的平均直径（mm）表示。

《通用硅酸盐水泥》（GB 175—2023）8.6 条规定：火山灰质硅酸盐水泥、粉煤灰硅酸盐水泥、复合硅酸盐水泥和掺加火山灰质混合材料的普通硅酸盐水泥在进行胶砂强度检验时，其用水量在 0.50 水灰比的基础上以胶砂流动度不小于 180mm 来确定。当水灰比为 0.50 且胶砂流动度小于 180mm 时，须以 0.01 的整数倍递增的方法将水灰比调整至胶砂流动度不小于 180mm。这一规定使水泥胶砂流动度试验成为水泥强度检验中的一项重要因素，即流动度试验结果所确定的加水量多少将直接影响到强度的检测结果。

**【检测任务实施】**

**2.10.1　试验目的**

测定粉煤灰的需水量比，用于评定粉煤灰的质量。

**2.10.2　试验依据**

《水泥胶砂流动度测定方法》（GB/T 2419—2005）。

**2.10.3　仪器设备**

（1）行星式水泥胶砂搅拌机。

（2）天平。量程不小于 1000g，最小分度值不大于 1g。

（3）流动度跳桌。流动度跳桌结构如图 2.10.1 所示。

（4）试模。用金属材料制成，由截锥圆模和模套组成。截锥圆模内壁应光滑，尺寸为：高度（60±0.5）mm；上口内径（70±0.5）mm；下口内径（100±0.5）mm；下口外径 120mm。模套与截锥圆模配合使用。试模如图 2.10.2 所示。

（5）捣棒。用金属材料制成，直径为（20±0.5）mm，长度约 200mm，捣棒底面与侧面成直角，其下部光滑，上部手滚银花。捣棒如图 2.10.3 所示。

（6）卡尺。量程为 200mm，分度值不大于 0.5mm。

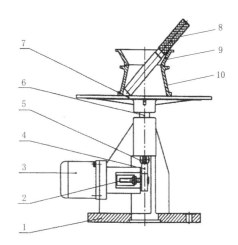

图 2.10.1 流动度跳桌结构

1—机架；2—接近开关；3—电机；4—凸轮；5—滑轮；6—推杆；7—圆盘桌面；
8—捣棒；9—模套；10—截锥圆模

模套　　　　　　　　　截锥圆模

图 2.10.2 试模

图 2.10.3 捣棒

（7）小刀。刀口平直，长度大于 80mm。

## 2.10.4 检测材料

水泥与中国 ISO 标准砂的质量比为 1:3，水灰比为 0.5。

（1）检测用水泥。

（2）标准砂：符合《水泥胶砂强度检验方法（ISO 法）》（GB/T 17671—2021）规定的 0.5～1.0mm 的中级砂。

（3）水：洁净的淡水。

**2.10.5　试验前准备**

（1）运行水泥胶砂搅拌机：是否正常运行。

（2）空跳跳桌：如跳桌在 24h 内未被使用，先空跳一个周期 25 次。

**2.10.6　试验步骤**

1. 称取试验用材料

（1）检测用水泥：（450±2）g。

（2）标准砂：（1350±5）g。

（3）水：（225±1）mL。

2. 胶砂制备

胶砂按《水泥胶砂强度检验方法（ISO 法）》（GB/T 17671—2021）规定进行搅拌，参照任务 2.7 水泥胶砂试体成型。

3. 湿布擦拭、覆盖

用潮湿棉布擦拭跳桌台面、试模内壁、捣棒以及与胶砂接触的用具，将试模放在跳桌台面中央并用潮湿棉布覆盖。

4. 装模

将拌好的胶砂分两层迅速装入试模。

第一层：胶砂装至截锥圆模高度约 2/3 处，用小刀在相互垂直两个方向各划 5 次，用捣棒由边缘至中心均匀捣压 15 次（图 2.10.4）。

第二层：胶砂装至高出截锥圆模约 20 mm，用小刀在相互垂直两个方向各划 5 次，再用捣棒由边缘至中心均匀捣压 10 次（图 2.10.5）。

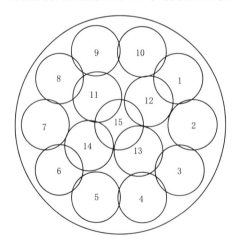 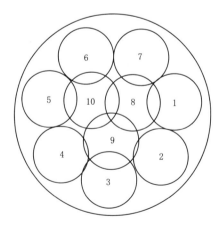

图 2.10.4　第一层捣压位置示意图　　图 2.10.5　第二层捣压位置示意图

捣压深度，第一层捣至胶砂高度的 1/2，第二层捣实不超过已捣实底层表面。装胶砂和捣压时，用手扶稳试模，不要使其移动。

5. 取下模套，启动跳桌

捣压完毕，取下模套，将小刀倾斜，从中间向边缘分两次以近水平的角度抹去高出截锥圆模的胶砂，并擦去落在桌面上的胶砂，将截锥圆模垂直向上轻轻提起。立刻开动跳桌，以每秒钟一次的频率，在（25±1）s内完成25次跳动。

6. 测量

跳动完毕，用卡尺测量胶砂底面互相垂直的两个方向直径，计算平均值，取整数，单位为mm，该平均值即为该水量的水泥胶砂流动度。记入表2.10.3。

注意：

流动度试验，从胶砂加水开始到测量扩散直径结束，应在6min内完成。

### 2.10.7　填写试验记录表格

根据试验结果，填写试验记录表。

表 2.10.3　　　　　试 验 记 录 表

| 试验编号 | | 试验日期 | |
|---|---|---|---|
| 样品编号 | | 环境条件 | 温度：　℃ 湿度：　% |
| 样品名称 | | 牌号/强度等级 | |
| 生产日期 | | 试验人员 | |
| 样品描述 | | 校核人员 | |
| 检测依据 | | | |
| 主要仪器设备及型号 | | 检定/校准有效期至 | |

| 试验次数 | 水泥用量/g | 标准砂用量/g | 水用量/g | 水泥胶砂底面直径/mm | 与水泥胶砂底面直径垂直方向直径/mm | 平均值/mm |
|---|---|---|---|---|---|---|
| | | | | | | |

【学生自评】

小组自评表见表2.10.4。小组成员自评表见表2.10.5。

表 2.10.4　　　　　小 组 自 评 表

| 教学阶段 | 操 作 流 程 | 自评核查结果 | 成绩 |
|---|---|---|---|
| 试验准备 | 1. 准备试样（5分） | | |
| | 2. 正确选择天平（5分） | | |
| | 3. 天平调平、预热、校准（5分） | | |
| | 4. 检查仪器水泥胶砂搅拌机是否运行正常（10分） | | |
| | 5. 空跳跳桌（5分） | | |
| 反思纠错 | （准备工作有无错、漏，纠正） | | |

| 教学阶段 | 操 作 流 程 | 自评核查结果 | 成绩 |
|---|---|---|---|
| 试验操作 | 6. 正确称取试样（5分） | | |
| | 7. 胶砂制备（5分） | | |
| | 8. 湿布擦拭跳桌及其用具，并覆盖（5分） | | |
| | 9. 装模（10分） | | |
| | 10. 取下模套，启动跳桌（5分） | | |
| | 11. 测量（5分） | | |
| 反思纠错 | （试验操作工作有无错、漏，纠正） | | |
| 数据处理 | 12. 计算平均值（5分） | | |
| | 13. 比较对比胶砂与试验胶砂流动度（5分） | | |
| | 14. 计算需水量比（5分） | | |
| | 15. 合格性判定（5分） | | |
| 反思纠错 | （数据处理工作有无错、漏，纠正） | | |
| 劳动素养 | 清理、归位、关机，完善仪器设备运行记录（10分） | | |
| | 试验操作台及地面清理（5分） | | |
| 合计 | | | |

表 2.10.5　　　　小 组 成 员 自 评 表

| 检测任务 | 水泥胶砂流动度检测 | | 本人 | 小组其他成员 | | |
|---|---|---|---|---|---|---|
| 评价项目 | 评价标准 | 分值 | | 1 | 2 | 3 |
| 时间观念 | 本次检测是否存在迟到早退现象 | 20 | | | | |
| 学习态度 | 积极参与检测任务的准备与实施 | 20 | | | | |
| 专业能力 | 检测准备和实施过程中细心、专业技能和动手能力 | 20 | | | | |
| 沟通协作 | 沟通、倾听、团队协作能力 | 20 | | | | |
| 劳动素养 | 爱护仪器设备、保持环境卫生 | 20 | | | | |
| 小计 | | 100 | | | | |

**【小组成果展示】**

小组派代表介绍从试验准备到结束的全过程，小组中任务的分配、成员合作、检测过程的规范性等，其他小组依据小组成果展示对其进行评价。小组互评表见表 2.10.6，教师综合评价表见表 2.10.7。

表 2.10.6　　　　小 组 互 评 表

| 检 测 任 务 | 水泥胶砂流动度检测 | |
|---|---|---|
| 评价项目 | 分　值 | 得　分 |
| 课前准备情况 | 20 | |
| 成果汇报 | 20 | |

续表

| 检 测 任 务 | 水泥胶砂流动度检测 | |
| --- | --- | --- |
| 团队合作 | 20 | |
| 工作效率 | 10 | |
| 工作规范 | 10 | |
| 劳动素养 | 20 | |
| 小计 | 100 | |

**表 2.10.7** 　　　　　　　教 师 综 合 评 价 表

| 检测任务 | 水泥胶砂流动度检测 | | |
| --- | --- | --- | --- |
| 评价项目 | 评 价 标 准 | 分值 | 得分 |
| 考勤 | 无迟到、早退、旷课现象 | 20 | |
| 课前 | 课前任务完成情况 | 10 | |
| 课中 | 态度认真、积极主动 | 10 | |
| | 具有安全意识、规范意识 | 10 | |
| | 检测过程规范、无误 | 10 | |
| | 团队协作、沟通 | 10 | |
| | 职业精神 | 10 | |
| | 检测项目完整，操作规范，数据处理方法正确 | 10 | |
| | 作业完成情况 | 10 | |
| 小计 | | 100 | |

# 任 务 2.11　水 泥 碱 含 量 检 测

## 【任务描述】

LH 水库的拦河坝分别由土石坝和混凝土坝组成，总长 1148m。中间河床段为混凝土坝，坝长 254.5m，混凝土浇筑 46.86 万 m³。现需对运动场的水泥进行复检。分析检测项目后下达检测项目水泥碱含量。

请你对水泥碱含量进行检测。

## 【学习目标】

**知识目标：**

（1）水泥碱含量检测的基本理论知识。

（2）水泥碱含量检测仪器主要参数及使用、检验方法、检验结果的计算及处理。

**能力目标：**

（1）能熟练进行水泥碱含量检测试验。

（2）能够对检验结果进行正确计算及处理。

（3）对试验中出现的一般问题学会分析及处理。

123

素质目标：

培养学生的动手能力和团队协作能力及数据处理的能力。

思政目标：

培养学生吃苦耐劳、德技并重的劳动精神和工匠精神。树立安全意识，遵守操作规程。

【任务工作单】

工作任务分解表见表 2.11.1。

表 2.11.1 工 作 任 务 分 解 表

| 分组编号 | | 日期 | |
|---|---|---|---|
| 学习任务：水泥碱含量检测 | | | |

任务分解：

1. 查询文献熟悉水泥碱含量检测基础知识。

2. 查阅规范熟悉水泥碱含量检测应用的仪器设备、环境因素、操作方法。

3. 查阅规范熟悉水泥碱含量检测数据处理。

4. 小组合作完成水泥碱含量检测实验操作、原始记录及数据处理。

5. 完善水泥水泥碱含量检测思维导图

【任务分组】

小组成员组成及任务分工表见表 2.11.2。

表 2.11.2 小 组 成 员 组 成 及 任 务 分 工 表

| 班级 | | 组号 | | 指导教师 | |
|---|---|---|---|---|---|
| 组长 | | 学号 | | | |
| 组员 | 姓名 | 学号 | | 姓名 | 学号 |
| | | | | | |
| | | | | | |
| | | | | | |
| 任务分工 | | | | | |

【思维导图】

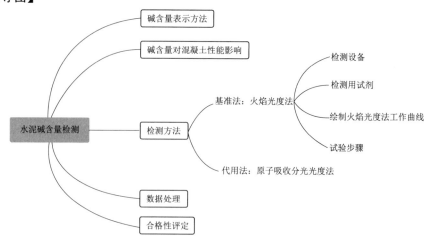

**【获取信息】**

引导问题 1：你查阅了哪些参考文献？请分别列出。查阅文献有哪些收获？

_____

_____

_____

_____

引导问题 2：水泥碱含量对混凝土性能有什么影响？

_____

_____

_____

_____

引导问题 3：水泥碱含量组成？

_____

_____

_____

_____

**【相关基础知识】**

碱含量就是水泥中碱物质的含量，用氧化钠（$Na_2O$）合计当量表达。即碱量＝$Na_2O＋0.658K_2O$。

碱含量主要从水泥生产原材料中带入。尤其是黏土中带入。

碱含量高有可能产生碱骨料反应。混凝土碱骨料反应是指来自水泥、外加剂、环境中的碱在水化过程中析出氢氯化钠（$NaOH$）和氢氧化钾（$KOH$）与骨料（指砂、石）中活性二氧化硅（$SiO_2$）相互作用，形成碱的硅酸盐凝胶体，致使混凝土发生体积膨胀呈蛛网状龟裂，导致工程结构破坏。

1. 影响

（1）高碱含量的影响。

过高的碱含量会导致混凝土发生碱骨料反应，引起混凝土体积的扩大和破坏，从而影响混凝土的强度和耐久性。此外，高碱含量还会影响混凝土中的氯离子扩散和腐蚀钢筋的速度，加快混凝土的老化速度，降低其使用寿命。

（2）低碱含量的影响。

低碱含量会使混凝土的坍落度降低，水泥的活性下降，从而影响混凝土的初期硬化和强度的发展。此外，低碱含量还会使水泥中的氧化铁含量增加，对混凝土的气候、光度和色彩产生不利影响。

2. 防治措施

（1）调整混凝土的配合比。

可以通过调整混凝土的配合比来控制碱含量。在混凝土中适当添加一定量的矿物掺合料，如粉煤灰、硅灰和矿渣等，可以减少混凝土中水泥的使用量和碱含量，从而保证混凝土的均一性和稳定性。

（2）使用低碱性水泥。

选用低碱性水泥是一种有效的措施，可以减少混凝土中的碱含量，防止碱骨料反应的发生，提高混凝土的耐久性和使用寿命。

（3）选用符合规范要求的骨料。

选用符合规范要求的骨料也可以有效防止碱骨料反应的发生。在采购骨料时，应注意其碱含量和稳定性等参数符合规范要求。

（4）加强维护和保养。

及时维护和保养混凝土结构，及时检查和处理出现的缺陷和破损，可以避免混凝土受到气候、温度等外部因素的影响。

评价：水泥中碱含量按 $Na_2O+0.658K_2O$ 计算值表示。当买方要求提供低碱水泥时，由买卖双方协商确定。

【检测任务实施】

### 2.11.1 试验目的

碱含量的测定是水泥生产质量控制和交易仲裁的重要环节，是评定水泥质量的重要参数。

### 2.11.2 试验方法

水泥的碱含量检测——火焰光度法（基准法）。

### 2.11.3 试验依据

《水泥化学分析方法》（GB/T 176—2017）。

### 2.11.4 适用条件

试样经氢氟酸-硫酸蒸发处理除去硅，用热水浸取残渣，以氨水和碳酸铵分离铁、铝、钙、镁。滤液中的钾、钠用火焰光度计进行测定。

### 2.11.5 检测仪器设备

（1）分析天平，分度值 0.0001g。

（2）铂皿或聚四氟乙烯器皿。

（3）胶头擦棒。

（4）火焰光度计：可稳定地测定钾在波长 768nm 处和钠在波长 589nm 处的谱线强度（图 2.11.1）。

### 2.11.6 检测用试剂

（1）氢氟酸。1.15～1.18g/cm³，质量分数 40%。

（2）硫酸（1+1）。

（3）甲基红指示剂：将 0.2g 甲基红溶于 100mL 乙醇中。

图 2.11.1 火焰光度计

（4）氨水（1+1）。

（5）碳酸铵溶液：将 10g 碳酸铵溶解于 100mL 水中。用时现配。

（6）盐酸（1+1）。

硫酸（1+1）、氨水（1+1）、盐酸（1+1）均为体积比表示试剂稀释程度，即用 1 份体积的浓试剂与 1 份体积的蒸馏水相混合。

### 2.11.7 绘制用于火焰光度法的工作曲线

1. 配制氧化钾、氧化钠标准溶液

（1）烘试剂。

氯化钾（KCl，基准试剂或光谱纯）、氯化钠（NaCl，基准试剂或光谱纯）于 105～110℃ 下烘过 2h。

（2）称试剂。

称取 1.6829g 氯化钾，1.8859g 氯化钠，精确至 0.0001g。

（3）稀释，配制成标准溶液。

将所称氯化钾和氯化钠置于烧杯中，加水溶解后，移入 1000mL 容量瓶中，用水稀释至刻度，摇匀。储存于塑料瓶中。此标准溶最每毫升含 1mg 氧化钾及 1mg 氧化钠。

2. 绘制工作曲线

（1）稀释试剂溶液。

吸取每毫升含 1mg 氧化钾及 1mg 氧化钠的标准溶液 0mL；2.50mL；5.00mL；10.00mL；15.00mL；20.00mL 分别放入 500mL 容量瓶中用水稀释至刻度，摇匀。储存于塑料瓶中。

（2）分别测定不同浓度试剂溶液。

将火焰光度计调节至最佳工作状态，按仪器使用规程进行测定。

（3）绘制工作曲线。

用测得的检流计读数作为相对应的氧化钾和氧化钠含量的函数，绘制工作曲线。

### 2.11.8 试验步骤

1. 称取水泥试样，进行处理

称取约 0.2g 水泥试样（$m_1$）精确至 0.0001g。

2. 用检测用试剂进行处理

置于铂皿（或聚四氟乙烯器皿）中，加入少量水润湿，加入 5～7mL 氢氟酸和 15～20 滴酸（1+1），放入通风橱内的电热板上低温加热，近干时摇动铂皿以防溅失，待氢氟酸驱尽后逐渐升高温度，继续加热至三氧化硫白烟冒尽，取下冷却。

加入 40～50mL 热水，用胶头擦棒压碎残渣使其分散，加入 1 滴甲基红指示剂溶液，用氨水（1+1）中和至黄色，再加入 10mL 碳酸铵溶液，搅拌，然后放入通风橱内电热板上加热至沸并继续微沸 20～30min。

用快速滤纸过滤，以热水充分洗涤，用胶头擦棒擦洗铂皿，滤液及洗液收集于 100ml 容量瓶中，冷却至室温。

用盐酸（1+1）中和至溶液呈微红色，用水稀释至刻度，摇匀。

3. 测定

在火焰光度计上，按仪器使用规程，在与绘制工作曲线相同的仪器条件下进测定。

4. 查曲线

在工作曲线上分别求出氧化钾和氧化钠的含量（$m_2$）和（$m_3$）。

### 2.11.9 填写试验记录表

表 2.11.3 试 验 记 录 表

| 试验编号 | | | 试验日期 | | |
|---|---|---|---|---|---|
| 样品编号 | | | 环境条件 | 温度： ℃湿度： % | |
| 样品名称 | | | 牌号/强度等级 | | |
| 生产日期 | | | 试验人员 | | |
| 样品描述 | | | 校核人员 | | |
| 检测依据 | | | | | |
| 主要仪器设备使用情况 | 试验设备名称 | 型 号 规 格 | | 编 号 | 使用情况 |
| | | | | | |
| | | | | | |
| | | | | | |
| 检测参数 | 试样质量 $m_1$/g | 扣除空白试验值后100mL测定溶液中氧化钾的含量 $m_2$/mg | 扣除空白试验值后100mL测定溶液中氧化钠的含量 $m_3$/mg | $\omega_{K_2O}$ 氧化钾的质量分数/% | $\omega_{Na_2O}$ 氧化钠的质量分数/% |
| 氧化钾 | | | | | |
| 氧化钠 | | | | | |

结论：

### 2.11.10 氧化钾和氧化钠的质量分数的计算

氧化钾和氧化钠的质量分数 $\omega_{K_2O}$ 和 $\omega_{Na_2O}$ 分别按式（2.11.1）和式（2.11.2）计算：

$$\omega_{K_2O} = \frac{m_2}{m_1 \times 1000} \times 100 = \frac{m_2 \times 0.1}{m_1} \qquad (2.11.1)$$

$$\omega_{Na_2O} = \frac{m_3}{m_1 \times 1000} \times 100 = \frac{m_3 \times 0.1}{m_1} \qquad (2.11.2)$$

式中 $\omega_{K_2O}$ ——氧化钾的质量分数，%；

$\omega_{Na_2O}$ ——氧化钠的质量分数，%；

$m_2$——扣除空白试验值后 100mL 测定溶液中氧化钾的含量，mg；

$m_3$——扣除空白试验值后 100mL 测定溶液中氧化钠的含量，mg；

$m_1$——试料的质量，g。

### 2.11.11 判断绝对差值是否在重复性限内

《水泥化学分析方法》（GB/T 176—2017）中规定：氧化钾（$K_2O$）火焰光度法重复性限为 0.10；氧化钠（$Na_2O$）火焰光度法重复性限为 0.05。

如超出重复性限，应在短时间内进行第三次测定，测定结果与前两次或任一次分析结果之差值符合重复性限的规定时，则取其平均值，否则应查找原因，重新按上述规定进行分析。

### 2.11.12 计算水泥碱含量并进行合格性判定

水泥中碱含量按 $Na_2O + 0.658K_2O$ 计算值表示。

当买方要求提供低碱水泥时，由买卖双方协商确定。

【学生自评】

小组自评表见表 2.11.4，小组成员自评表见表 2.11.5。

表 2.11.4　　　　　　　　　　　　　小 组 自 评 表

| 教学阶段 | 操 作 流 程 | 自评核查结果 | 成绩 |
|---|---|---|---|
| 试验准备 | 1. 取样（5 分） | | |
| | 2. 检测用试剂溶液配制（10 分） | | |
| | 3. 称量（5 分） | | |
| | 4. 检查仪器是否运行正常（10 分） | | |
| | 5. 正确选择天平（5 分） | | |
| | 6. 天平调平、预热、校准（5 分） | | |
| 反思纠错 | （准备工作有无错、漏，纠正） | | |
| 试验操作 | 7. 氧化钾、氧化钠标准溶液配制（5 分） | | |
| | 8. 用于火焰光度法工作曲线绘制（5 分） | | |
| | 9. 正确称取水泥试样、并处理（5 分） | | |
| | 10. 测定（5 分） | | |
| | 11. 查工作曲线（5 分） | | |
| 反思纠错 | （试验操作工作有无错、漏，纠正） | | |
| 数据处理 | 12. 计算氧化钾、氧化钠含量（10 分） | | |
| | 13. 判断绝对差值是否在重复性限内（5 分） | | |
| | 14. 合格性判定（5 分） | | |
| 反思纠错 | （数据处理工作有无错、漏，纠正） | | |
| 劳动素养 | 清理、归位、关机，完善仪器设备运行记录（10 分） | | |
| | 试验操作台及地面清理（5 分） | | |
| 小计 | | | |

**表 2.11.5　　　　　　　　小 组 成 员 自 评 表**

| 检测任务 | 水泥碱含量检测 | | 本人 | 小组其他成员 | | |
|---|---|---|---|---|---|---|
| 评价项目 | 评价标准 | 分值 | | 1 | 2 | 3 |
| 时间观念 | 本次检测是否存在迟到早退现象 | 20 | | | | |
| 学习态度 | 积极参与检测任务的准备与实施 | 20 | | | | |
| 专业能力 | 检测准备和实施过程中细心、专业技能和动手能力 | 20 | | | | |
| 沟通协作 | 沟通、倾听、团队协作能力 | 20 | | | | |
| 劳动素养 | 爱护仪器设备、保持环境卫生 | 20 | | | | |
| 小计 | | 100 | | | | |

**【小组成果展示】**

小组派代表介绍从试验准备到结束的全过程，小组中任务的分配、成员合作、检测过程的规范性等，其他小组依据小组成果展示对其进行评价。小组互评表见表 2.11.6，教师综合评价表见表 2.11.7。

**表 2.11.6　　　　　　　　小 组 互 评 表**

| 检 测 任 务 | 水泥碱含量检测 | |
|---|---|---|
| 评价项目 | 分 值 | 得 分 |
| 课前准备情况 | 20 | |
| 成果汇报 | 20 | |
| 团队合作 | 20 | |
| 工作效率 | 10 | |
| 工作规范 | 10 | |
| 劳动素养 | 20 | |
| 小计 | 100 | |

**表 2.11.7　　　　　　　教 师 综 合 评 价 表**

| 检测任务 | 水泥碱含量检测 | | |
|---|---|---|---|
| 评价项目 | 评价标准 | 分值 | 得分 |
| 考勤 | 无迟到、早退、旷课现象 | 20 | |
| 课前 | 课前任务完成情况 | 10 | |
| 课中 | 态度认真、积极主动 | 10 | |
| | 具有安全意识、规范意识 | 10 | |
| | 检测过程规范、无误 | 10 | |
| | 团队协作、沟通 | 10 | |
| | 职业精神 | 10 | |
| | 检测项目完整，操作规范，数据处理方法正确 | 10 | |
| | 作业完成情况 | 10 | |
| 小计 | | 100 | |

# 任务 2.12  水 泥 烧 失 量 检 测

## 【任务描述】

LH 水库的拦河坝分别由土石坝和混凝土坝组成，总长 1148m。中间河床段为混凝土坝，坝长 254.5m，混凝土浇筑 46.86 万 $m^3$。现需对运动场的水泥进行复检。分析检测项目后下达检测项目水泥烧失量。

请你对水泥烧失量进行检测。

## 【学习目标】

**知识目标：**

(1) 水泥烧失量检测的基本理论知识。

(2) 水泥烧失量检测仪器主要参数及使用、检验方法、检验结果的计算及处理。

**能力目标：**

(1) 能熟练进行水泥烧失量检测试验。

(2) 能够对检验结果进行正确计算及处理。

(3) 对试验中出现的一般问题学会分析及处理。

**素质目标：**

培养学生的动手能力和团队协作能力及数据处理的能力。

**思政目标：**

培养学生吃苦耐劳、德技并重的劳动精神和工匠精神。树立安全意识，遵守操作规程。

## 【任务工作单】

工作任务分解表见表 2.12.1。

表 2.12.1　　　　　　　　　　工 作 任 务 分 解 表

| 分组编号 | | 日期 | |
|---|---|---|---|
| 学习任务：水泥烧失量检测 | | | |

任务分解：

1. 查询文献熟悉水泥烧失量的含义及影响因素。

2. 查阅规范熟悉水泥烧失量检测应用的仪器设备、环境因素、操作方法。

3. 查阅规范熟悉水泥烧失量检测数据处理。

4. 小组合作完成水泥碱含量检测实验操作、原始记录及数据处理。

5. 完善水泥烧失量检测思维导图

## 【任务分组】

小组成员组成及任务分工表见表 2.12.2。

表 2.12.2 小组成员组成及任务分工表

| 班级 | | | 组号 | | 指导教师 | |
|---|---|---|---|---|---|---|
| 组长 | | | 学号 | | | |
| 组员 | 姓名 | 学号 | | 姓名 | | 学号 |
| | | | | | | |
| | | | | | | |
| | | | | | | |
| 任务分工 | | | | | | |

【思维导图】

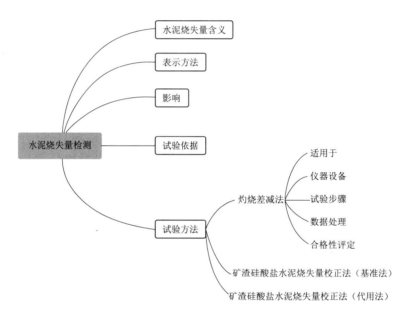

【获取信息】

引导问题 1：你查阅了哪些参考文献？请分别列出。查阅文献有哪些收获？

_____

_____

_____

_____

引导问题 2：水泥烧失量对混凝土性能有什么影响？

_____

_____

_____

_____

引导问题 3：水泥烧失量有几种检测方法？

_____

_____

_____

_____

_____

**【相关基础知识】**

　　水泥烧失量是指水泥在高温下的失去质量的比例，通常以百分数表示。水泥烧失量反映了水泥煅烧中的化学反应，影响水泥的物理和化学性质。

　　水泥烧失量是指在一定温度下，水泥试样在灼烧过程中，由于分解和化合作用，试样质量减少的量占试样总量的百分比。国标规定，烧失量的测定温度为950℃，烧失量在 3.0%～5.0%之间。水泥是一种粉末水硬性无机胶凝材料，与水混合后，水泥砂浆可以在空气中硬化或更好地在水中硬化，沙子、石头和其他材料可以牢固地结合在一起。

　　影响如下：

　　（1）强度：水泥的强度与其烧失量有很大关系。烧失量越高，水泥的强度越高，同时也是其他性能指标的保证。但是，当烧失量过高时，水泥强度反而会降低，因此需要在保证一定烧失量条件下找到最佳的煅烧温度。

　　（2）硬化时间：水泥的硬化时间（初凝时间、终凝时间）也与其烧失量有关。烧失量增加会导致水泥硬化时间缩短，而降低烧失量则会使得水泥的硬化时间延长。初凝时间和终凝时间的变化对水泥的使用有很大影响。

　　（3）耐久性：水泥的耐久性与其化学性质有关，而烧失量的变化会影响水泥的化学成分。烧失量过高会导致水泥结构不均匀，容易被水、钾离子、冻融等因素侵蚀，导致水泥的耐久性下降。

**【检测任务实施】**

**2.12.1　试验目的**

　　衡量水泥熟料中未完全煅烧物的量，对水泥品质和生产过程有着重要作用。

**2.12.2　试验方法**

　　灼烧差减法。

**2.12.3　试验依据**

　　《水泥化学分析方法》（GB/T 176—2017）。

**2.12.4　适用条件**

　　本方法不适应于矿渣硅酸盐水泥烧失量的测定。

**2.12.5　检测仪器设备**

　　（1）瓷坩埚带盖，容量不小于 25mL。

　　（2）高温炉，可控制温度（700±25）℃、（800±25）℃、（950±25）℃或（1175±25）℃。

　　（3）干燥器，内装变色硅胶。

（4）分析天平，分度值 0.0001g。

### 2.12.6　分析步骤

（1）称水泥试样。

称取约 1g 试样（$m_1$），精确至 0.0001g。

（2）反复灼烧至恒量。

放入已灼烧恒量的瓷坩埚中，盖上盖，并留有缝隙，放在高温炉内，从低温开始逐渐升高温度，在（950±25）℃下灼烧 15～20min，取出坩埚，置于干燥器中冷却至室温，称量，反复灼烧直至恒量或者在（950±25）℃下灼烧约 1h（有争议时，以反复灼烧直至恒量的结果为准），置于干燥器中冷却至室温。

（3）称量。

称量灼烧后冷却瓷坩埚（$m_2$）。

### 2.12.7　填写试验记录表

根据试验结果，填写试验记录表，见表 2.12.3。

表 2.12.3　　　　　　　　　试　验　记　录　表

| 试验编号 | | | 试验日期 | | |
|---|---|---|---|---|---|
| 样品编号 | | | 环境条件 | 温度：　　℃ 湿度：　　% | |
| 样品名称 | | | 牌号/强度等级 | | |
| 生产日期 | | | 试验人员 | | |
| 样品描述 | | | 校核人员 | | |
| 检测依据 | | | | | |
| 主要仪器设备使用情况 | 试验设备名称 | 型　号　规　格 | | 编号 | 使用情况 |
| | | | | | |
| | | | | | |
| | | | | | |
| 试验次数 | 试样质量 $m_1$/g | 灼烧后试料的质量 $m_2$/g | | $\omega_{LOI}$ 烧失量的质量分数/% | |
| 1 | | | | | |
| 2 | | | | | |

结论：

### 2.12.8　结果的计算与表示

烧失量的质量分数 $\omega_{LOI}$ 按式（2.12.1）计算：

$$\omega_{LOI} = \frac{m_1 - m_2}{m_1} \times 100\%$$ 　　　　　（2.12.1）

式中　$\omega_{LOI}$——烧失量的质量分数，%；

　　　　$m_1$——试料的质量，g；

　　　　$m_2$——灼烧后试料的质量，g。

#### 2.12.9　判断绝对差值是否在重复性限内

《水泥化学分析方法》（GB/T 176—2017）中规定：LOI（烧失量）灼烧差减法重复性限为 0.15。

如超出重复性限，应在短时间内进行第三次测定，测定结果与前两次或任一次分析结果之差值符合重复性限的规定时，则取其平均值，否则应查找原因，重新按上述规定进行分析。

#### 2.12.10　合格性判定

《通用硅酸盐水泥》（GB 175—2023）规定，烧失量应符合表 2.12.4 要求。

表 2.12.4　　　　通用硅酸盐水泥烧失量

| 品　　种 | 代　号 | 烧失量（质量分数）/% |
|---|---|---|
| 硅酸盐水泥 | P·Ⅰ | ≤3.0 |
| | P·Ⅱ | ≤3.5 |
| 普通硅酸盐水泥 | P·O | ≤5.0 |

【学生自评】

小组自评表见表 2.12.5，小组成员自评表见表 2.12.6。

表 2.12.5　　　　小　组　自　评　表

| 教学阶段 | 操　作　流　程 | 自评核查结果 | 成绩 |
|---|---|---|---|
| 试验准备 | 1. 取样（5分） | | |
| | 2. 灼烧（5分） | | |
| | 3. 称量（5分） | | |
| | 4. 检查仪器是否运行正常（10分） | | |
| | 5. 正确选择天平（5分） | | |
| | 6. 天平调平、预热、校准（5分） | | |
| 反思纠错 | （准备工作有无错、漏，纠正） | | |
| 试验操作 | 7. 正确称取试样（5分） | | |
| | 8. 灼烧至衡量（10分） | | |
| | 9. 干燥器干燥（5分） | | |
| | 10. 称取灼烧物，并记录试验数据（10分） | | |
| 反思纠错 | （试验操作工作有无错、漏，纠正） | | |
| 数据处理 | 11. 计算（10分） | | |
| | 12. 判断绝对差值是否在重复性限内（5分） | | |
| | 13. 合格性判定（5分） | | |
| 反思纠错 | （数据处理工作有无错、漏，纠正） | | |
| 劳动素养 | 清理、归位、关机，完善仪器设备运行记录（10分） | | |
| | 试验操作台及地面清理（5分） | | |
| 小计 | | | |

表 2.12.6 小组成员自评表

| 检测任务 | 水泥烧失量检测 | | 本人 | 小组其他成员 | | |
|---|---|---|---|---|---|---|
| 评价项目 | 评价标准 | 分值 | | 1 | 2 | 3 |
| 时间观念 | 本次检测是否存在迟到早退现象 | 20 | | | | |
| 学习态度 | 积极参与检测任务的准备与实施 | 20 | | | | |
| 专业能力 | 检测准备和实施过程中细心、专业技能和动手能力 | 20 | | | | |
| 沟通协作 | 沟通、倾听、团队协作能力 | 20 | | | | |
| 劳动素养 | 爱护仪器设备、保持环境卫生 | 20 | | | | |
| 小计 | | 100 | | | | |

**【小组成果展示】**

小组派代表介绍从试验准备到结束的全过程，小组中任务的分配、成员合作、检测过程的规范性等，其他小组依据小组成果展示对其进行评价。小组互评表见表 2.12.7，教师综合评价表见表 2.12.8。

表 2.12.7 小组互评表

| 检测任务 | 水泥烧失量检测 | |
|---|---|---|
| 评价项目 | 分值 | 得分 |
| 课前准备情况 | 20 | |
| 成果汇报 | 20 | |
| 团队合作 | 20 | |
| 工作效率 | 10 | |
| 工作规范 | 10 | |
| 劳动素养 | 20 | |
| 小计 | 100 | |

表 2.12.8 教师综合评价表

| 检测任务 | 水泥烧失量检测 | | |
|---|---|---|---|
| 评价项目 | 评价标准 | 分值 | 得分 |
| 考勤 | 无迟到、早退、旷课现象 | 20 | |
| 课前 | 课前任务完成情况 | 10 | |
| 课中 | 态度认真、积极主动 | 10 | |
| | 具有安全意识、规范意识 | 10 | |
| | 检测过程规范、无误 | 10 | |
| | 团队协作、沟通 | 10 | |
| | 职业精神 | 10 | |
| | 检测项目完整，操作规范，数据处理方法正确 | 10 | |
| | 作业完成情况 | 10 | |
| 小计 | | 100 | |

# 任务 2.13  水泥氯离子含量检测

## 【任务描述】

LH 水库的拦河坝分别由土石坝和混凝土坝组成，总长 1148m。中间河床段为混凝土坝，坝长 254.5m，混凝土浇筑 46.86 万 $m^3$。现需对运动场的水泥进行复检。分析检测项目后下达检测项目水泥氯离子含量。

请你对水泥氯离子含量进行检测。

## 【学习目标】

**知识目标：**

（1）水泥氯离子含量检测的基本理论知识。

（2）水泥氯离子含量检测仪器主要参数及使用、检验方法、检验结果的计算及处理。

**能力目标：**

（1）能熟练进行水泥氯离子含量检测试验。

（2）能够对检验结果进行正确计算及处理。

（3）对试验中出现的一般问题学会分析及处理。

**素质目标：**

培养学生的动手能力和团队协作能力及数据处理的能力。

**思政目标：**

培养学生吃苦耐劳、德技并重的劳动精神和工匠精神。树立安全意识，遵守操作规程。

## 【任务工作单】

工作任务分解表见表 2.13.1。

表 2.13.1 工作任务分解表

| 分组编号 | | 日期 | |
|---|---|---|---|

学习任务：水泥氯离子含量检测

任务分解：

1. 查询文献熟悉水泥氯离子含量检测基础知识。

2. 查阅规范熟悉水泥氯离子含量检测应用的仪器设备、环境因素、操作方法。

3. 查阅规范熟悉水泥氯离子含量检测数据处理。

4. 小组合作完成水泥氯离子检测实验操作、原始记录及数据处理。

5. 完善水泥氯离子含量检测思维导图

## 【任务分组】

小组成员组成及任务分工表见表 2.13.2。

表 2.13.2　　　　　　　　　　小组成员组成及任务分工表

| 班级 | | 组号 | | 指导教师 | |
|---|---|---|---|---|---|
| 组长 | | 学号 | | | |
| 组员 | 姓名 | 学号 | 姓名 | | 学号 |
| | | | | | |
| | | | | | |
| | | | | | |
| 任务分工 | | | | | |

【思维导图】

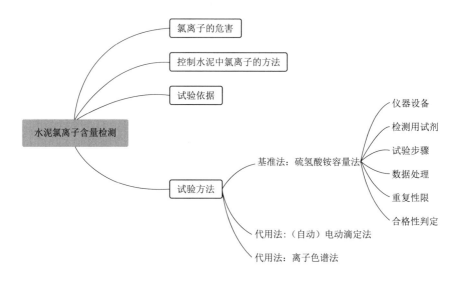

【获取信息】

引导问题 1：你查阅了哪些参考文献？请分别列出。查阅文献有哪些收获？

_____

_____

_____

_____

引导问题 2：水泥氯离子含量对混凝土性能有什么影响？

_____

_____

_____

_____

引导问题 3：水泥氯离子含量有几种检测方法？

_____

_____

_____

_____

_____

**【相关基础知识】**

氯盐是水泥生产中较为廉价且来源丰富的原料之一。它是水泥生产中常见且效果极好的增强剂，可以把水泥的强度大大增加，而且值得一提的是，其还能降低水泥中水的结冰温度，以防止水泥过早地结冰，对水泥的质量造成影响；它还可以做燃料煅烧的矿化剂，可以降低燃料的烧成温度，这样就可以避免能源的浪费，降低投入的成本，以获得较高的经济效益。

1. 水泥中氯离子的来源

氯离子是混凝土中的一种常见离子溶质。水泥中的氯离子主要来自于原材料和生产过程。原材料中的氯主要来自于黏土、煤、石灰等，氯化钠等盐类也可能是氯源。生产过程中加入的药剂中也可能含有氯离子。

2. 水泥中氯离子的危害

适量的氯离子有利于提高混凝土的耐久性，然而过量的氯离子会对混凝土的性能产生不利影响。过多的氯离子会影响钢筋的锈蚀速度，从而降低钢筋的耐久性。同时，氯离子也会引起混凝土的渗透性增大，从而加速混凝土的老化和龟裂。在《普通混凝土配合比设计规程》（JGJ 55—2011）中特别加入了对混凝土拌合物中氯离子含量的要求，说明其氯离子含量检测的重要性。

3. 控制水泥中氯离子的方法

为控制水泥中氯离子的含量，可以采取以下方法：

（1）选择氯含量低的原材料。

（2）控制加入药剂的氯离子含量。

（3）避免在生产过程中出现原因不明的氯含量增加情况。

**【检测任务实施】**

## 2.13.1　试验目的

对于水泥厂来说，测定氯离子含量可以帮助他们控制原材料中的氯化物含量，从而保证生产出质量合格的水泥。对于施工单位来说，使用低氯水泥可以减少工程施工中的安全隐患和修缮成本。

## 2.13.2　试验方法

硫氰酸铵容量法（基准法）。

该方法给出总氯加溴的含量，以氯离子（$Cl^-$）表示结果。试样用硝酸进行分解，同时消除硫化物的干扰。加入已知量的硝酸银标准溶液使氯离子以氯化银的形式沉淀。煮沸、过滤后，将滤液和洗液冷却至 25℃ 以下，以铁（Ⅲ）盐为指示剂，用硫酸氰铵标准滴定溶液滴定过量的硝酸银。

### 2.13.3　试验依据

《水泥化学分析方法》（GB/T 176—2017）。

### 2.13.4　检测仪器设备

（1）分析天平，分度值 0.0001g。

（2）烧杯：400mL。

（3）锥形瓶：250mL。

（4）玻璃棒。

（5）玻璃砂芯漏斗：直径 40~60mm，型号 G4（平均孔径 4~7μm）。

### 2.13.5　检测用试剂

（1）硝酸银标准溶液。

烘硝酸银干：（150±5）℃烘过 2h。

称取硝酸银：2.1235g，精确至 0.0001g。

溶解、稀释成标准溶液：将称取的硝酸银置于烧杯中，加水溶解后，移入 250mL 容量瓶中，加水稀释至刻度，摇匀。

硝酸银标准溶液储存：储存于棕色瓶中，避光保存。

（2）硫氰酸铵标准滴定溶液。

称取（3.8±0.1）g 硫氰酸铵溶于水，稀释至 1L。

（3）硫酸铁铵指示剂溶液。

将 10mL 硝酸（1+2）加入到 100mL 冷的硫酸铁（Ⅲ）铵饱和水溶液中。

（4）滤纸浆。

将定量滤纸撕成小块，放入烧杯中，加水浸没，在搅拌下加热煮沸 10min 以上，冷却后放入广口瓶中备用。

### 2.13.6　分析步骤

（1）称水泥试样。

称取约 5g 试样（$m_1$），精确至 0.0001g。

（2）试验前处理。

置于 400mL 烧杯中，加 50mL 水，搅拌使试样完全分散，在搅拌下加入 50mL 硝酸（1+2），加热煮沸，微沸 1~2min。取下，加入 5.00mL 硝酸银标准溶液，搅匀，煮沸 1~2min，加入少许滤纸浆，用预先用硝酸（1+100）洗涤过的快速滤纸过滤或玻璃砂芯漏斗抽气过滤，滤液收集于 250mL 锥形瓶中，用硝酸（1+100）洗涤烧杯、玻璃棒和滤纸，直至滤液和洗液总体积达到约 200mL，溶液在弱光线或暗处冷却至 25℃以下。

（3）滴定。

加入 5mL 硫酸铁铵指示剂溶液，用硫氰酸铵标准滴定溶液滴定至产生的红棕色在摇动下不消失为止（$V_1$）。如果 $V_1$ 小于 0.5mL，用减少一半的试样质量重新试验。

（4）空白试验。

不加入试样按上述步骤进行空白试验，记录空白滴定所用硫氰酸铵标准滴定溶液的体积（$V_2$）。

### 2.13.7　填写试验记录表

根据试验结果，填写试验记录表，见表 2.13.3。

表 2.13.3　　　　　试 验 记 录 表

| 试验编号 | | | 试验日期 | | |
|---|---|---|---|---|---|
| 样品编号 | | | 环境条件 | 温度：　　℃ 湿度：　　% | |
| 样品名称 | | | 牌号/强度等级 | | |
| 生产日期 | | | 试验人员 | | |
| 样品描述 | | | 校核人员 | | |
| 检测依据 | | | | | |
| 主要仪器设备<br>使用情况 | 试验设备名称 | 型 号 规 格 | | 编号 | 使用情况 |
| | | | | | |
| | | | | | |
| | | | | | |
| 试验次数 | 试样质量 $m$/g | $V_1$/mL | $V_2$/mL | $\omega_{Cl^-}$ 氯离子的质量分数/% | |
| 1 | | | | | |
| 2 | | | | | |
| 结论： | | | | | |

### 2.13.8　结果的计算与表示

氯离子的质量分数 $\omega_{Cl^-}$ 按式（2.13.1）计算：

$$\omega_{Cl^-} = \frac{1.773 \times 5.00 \times (V_2 - V_1)}{V_2 \times m \times 1000} 100 = 0.8865 \times \frac{V_2 - V_1}{V_2 \times m} \qquad (2.13.1)$$

式中　$\omega_{Cl^-}$——氯离子的质量分数，%；

$V_2$——空白试验消耗的硫氰酸铵标准滴定溶液的体积，mL；

$V_1$——滴定时消耗硫氰酸铵标准滴定溶液的体积，mL；

$m$——试料的质量，g；

1.773——硝酸银标准溶液对氯离子的滴定度，mg/mL。

### 2.13.9　判断绝对差值是否在重复性限内

《水泥化学分析方法》（GB/T 176—2017）中规定：氯离子（质量分数）≤0.10%，重复性限为 0.005；氯离子（质量分数）>0.10%，重复性限为 0.010。

如超出重复性限，应在短时间内进行第三次测定，测定结果与前两次或任一次分析结果之差值符合重复性限的规定时，则取其平均值，否则应查找原因，重新按上述规定进行分析。

### 2.13.10　合格性判定

根据国家标准《通用硅酸盐水泥》（GB 175—2023）规定评定是否合格。

氯离子（质量分数）≤0.06％，当买方有更低要求时，买卖双方协商确定。

**【学生自评】**

小组自评表见表2.13.4，小组成员自评表见表2.13.5。

表 2.13.4 小 组 自 评 表

| 教学阶段 | 操 作 流 程 | 自评核查结果 | 成绩 |
|---|---|---|---|
| 试验准备 | 1. 取样（5分） | | |
| | 2. 溶液配制（20分） | | |
| | 3. 检查仪器是否运行正常（5分） | | |
| | 4. 正确选择天平（5分） | | |
| 反思纠错 | （准备工作有无错、漏，纠正） | | |
| 试验操作 | 5. 正确称取试样（10分） | | |
| | 6. 滴定（15分） | | |
| 反思纠错 | （试验操作工作有无错、漏，纠正） | | |
| 数据处理 | 7. 计算（10分） | | |
| | 8. 判断绝对差值是否在重复性限内（10分） | | |
| | 9. 合格性判定（5分） | | |
| 反思纠错 | （数据处理工作有无错、漏，纠正） | | |
| 劳动素养 | 清理、归位、关机，完善仪器设备运行记录（10分） | | |
| | 试验操作台及地面清理（5分） | | |

表 2.13.5 小 组 成 员 自 评 表

| 检测任务 | 水泥氯离子含量检测 | | 本人 | 小组其他成员 | | |
|---|---|---|---|---|---|---|
| 评价项目 | 评价标准 | 分值 | | 1 | 2 | 3 |
| 时间观念 | 本次检测是否存在迟到早退现象 | 20 | | | | |
| 学习态度 | 积极参与检测任务的准备与实施 | 20 | | | | |
| 专业能力 | 检测准备和实施过程中细心、专业技能和动手能力 | 20 | | | | |
| 沟通协作 | 沟通、倾听、团队协作能力 | 20 | | | | |
| 劳动素养 | 爱护仪器设备、保持环境卫生 | 20 | | | | |
| 小计 | | 100 | | | | |

**【小组成果展示】**

小组派代表介绍从试验准备到结束的全过程，小组中任务的分配、成员合作、检测过程的规范性等，其他小组依据小组成果展示对其进行评价。小组互评表见表2.13.6，教师综合评价表见表2.13.7。

表 2.13.6　　　　　　　　　　　　小 组 互 评 表

| 检 测 任 务 | 水泥氯离子含量检测 | |
|---|---|---|
| 评价项目 | 分　值 | 得　分 |
| 课前准备情况 | 20 | |
| 成果汇报 | 20 | |
| 团队合作 | 20 | |
| 工作效率 | 10 | |
| 工作规范 | 10 | |
| 劳动素养 | 20 | |
| 小计 | 100 | |

表 2.13.7　　　　　　　　　　　教 师 综 合 评 价 表

| 检测任务 | 水泥氯离子含量检测 | | |
|---|---|---|---|
| 评价项目 | 评 价 标 准 | 分值 | 得分 |
| 考勤 | 无迟到、早退、旷课现象 | 20 | |
| 课前 | 课前任务完成情况 | 10 | |
| 课中 | 态度认真、积极主动 | 10 | |
| | 具有安全意识、规范意识 | 10 | |
| | 检测过程规范、无误 | 10 | |
| | 团队协作、沟通 | 10 | |
| | 职业精神 | 10 | |
| | 检测项目完整，操作规范，数据处理方法正确 | 10 | |
| | 作业完成情况 | 10 | |
| 小计 | | 100 | |

拓展阅读

矿渣硅酸盐水泥烧失量的测定——校正法（基准法）

拓展阅读

氯离子的测定——（自动）电位滴定法（代用法）

# 粉煤灰的性能与检测

## 任务 3.1 粉 煤 灰 含 水 量 检 测

【任务描述】

LH 水库的拦河坝分别由土石坝和混凝土坝组成，总长 1148m。中间河床段为混凝土坝，坝长 254.5m，混凝土浇筑 46.86 万 $m^3$。现需对运动场的粉煤灰进行复检。分析检测项目后下达检测项目粉煤灰含水量。

请你对粉煤灰含水量进行检测。

【学习目标】

知识目标：

（1）粉煤灰含水量检测的基本理论知识。

（2）粉煤灰含水量检测仪器主要参数及使用、检验方法、检验结果的计算及处理。

能力目标：

（1）能熟练进行粉煤灰含水量检测试验。

（2）能够对检验结果进行正确计算及处理。

（3）对试验中出现的一般问题学会分析及处理。

素质目标：

培养学生的动手能力和团队协作能力及数据处理的能力。

思政目标：

培养学生吃苦耐劳、德技并重的劳动精神和工匠精神。树立安全意识，遵守操作规程。

【任务工作单】

工作任务分解表见表 3.1.1。

表 3.1.1　　　　　　　　　　　工 作 任 务 分 解 表

| 分组编号 | | 日期 | |
|---|---|---|---|
| 学习任务：粉煤灰含水量检测 | | | |
| 任务分解：<br>1. 查询文献熟悉粉煤灰含水量检测基础知识。<br>2. 查阅规范熟悉粉煤灰含水量检测应用的仪器设备、环境因素、操作方法。<br>3. 查阅规范熟悉粉煤灰含水量检测数据处理。<br>4. 小组合作完成粉煤灰含水量检测实验操作、原始记录及数据处理。<br>5. 完善粉煤灰含水量检测思维导图 | | | |

## 【任务分组】

小组成员组成及任务分工表见表 3.1.2。

表 3.1.2　　　　　　　　　小组成员组成及任务分工表

| 班级 | | 组号 | | 指导教师 | |
|---|---|---|---|---|---|
| 组长 | | 学号 | | | |
| 组员 | 姓名 | 学号 | | 姓名 | 学号 |
| | | | | | |
| | | | | | |
| | | | | | |
| 任务分工 | | | | | |

## 【思维导图】

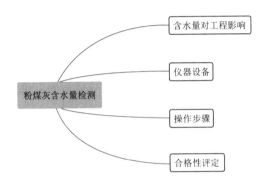

## 【获取信息】

引导问题 1：你查阅了哪些参考文献？请分别列出。查阅文献有哪些收获？

_____

_____

_____

_____

引导问题 2：粉煤灰含水量的影响因素有哪些？

_____

_____

_____

_____

## 【相关基础知识】

粉煤灰是煤炭燃烧后的产物，主要由氧化硅、氧化铝等组成。在建筑、公路、桥梁等工程中，将粉煤灰掺入水泥中，能够提高混凝土的强度、耐久性及抗裂性等方面的性能。然而，如果粉煤灰含水量过大，会引发一些问题。

1. 粉煤灰含水量过大的影响

（1）易团聚性增强，影响加工性。

粉煤灰在生产过程中含水量过大，会使其颜色变黯淡，团聚性加强，黏稠度增大，成为一块块黏糊糊的颗粒，不易与水泥和其他混合材料混合均匀。这时候，如果将它直接混入水泥熟料中，可能会导致粉煤灰颗粒之间难以分散，造成混凝土的质量不稳定，从而降低混凝土的质量和使用寿命。

（2）提高相对湿度，影响后续生产。

粉煤灰含水量过大后，容易提高它吸湿特性的相对湿度。这就会对后续生产带来影响。比如，混凝土施工中，由于其含水量过大会引起混凝土正在硬化的细胞毛细管中形成蒸汽，从而引起混凝土的破裂和出现麻面现象，影响整个施工效率和混凝土质量的稳定性。

（3）影响混凝土的抗压强度。

粉煤灰在加工生产过程中含水量越高，代表它的固体物质越少，混凝土所能吸收的水泥最大热量越少，从而降低了混凝土的抗压强度，进而影响混凝土的耐久性和使用寿命。此外，粉煤灰中的主要成分是二氧化硅、氧化铝等，含水量过高可能会使它们失去原有的物质组成，对于混凝土的影响是不可估量的，也可能会引起令人不安的安全隐患。

（4）增加环境污染。

粉煤灰是一种工业固体废弃物，不合理的处理会增加环境污染。含水量过高的粉煤灰易被风带走，容易污染周围的环境。如果混入混凝土中，可能会导致混凝土的质量不稳定，对于建筑体系的稳定性和安全性产生不良的影响。

2. 粉煤灰含水量的影响因素

影响粉煤灰含水量的因素较多，主要包括以下几个方面：

（1）原始物料的含水率。在采矿过程中，爆破和清除粉煤灰时的水分含量都会对后续的含水量产生影响。

（2）煤的类型和含水量。不同的煤种和燃烧过程中的含水量都会直接影响粉煤灰的含水量。

（3）煤的燃烧条件和煤粉磨制工艺。燃烧温度和时间、煤粉磨制粒度等都会影响粉煤灰的含水量。

**【检测任务实施】**

### 3.1.1 试验目的

测定粉煤灰的含水量，用于评定粉煤灰的质量。

### 3.1.2 试验依据

《用于水泥和混凝土中的粉煤灰》（GB/T 1596—2017）。

### 3.1.3 仪器设备

（1）烘干箱：可控制温度 105～110℃，最小分度值不大于 2℃。

（2）天平：量程不小于 50g，最小分度值不大于 0.01g。

### 3.1.4 试验步骤

1. 烘干蒸发皿并称量

把蒸发皿烘干至恒重,称量质量为 $m$。

2. 称量试样

称取粉煤灰试样约 50g,准确至 0.01g,倒入蒸发皿中,称量质量为 $m_1$。

3. 烘干

将烘干箱温度调整并控制在 105~110℃,将粉煤灰试样放入烘干箱内烘干。

4. 冷却

取出放在干燥器中冷却至室温。

5. 冷却后称量

称量冷却至室温后的蒸发皿与试样质量 $m_2$,准确至 0.01g。

### 3.1.5 填写试验记录表格

根据试验结果填写试验记录表,见表 3.1.3。

表 3.1.3　　　　　　　　　　试 验 记 录 表

| 流转号 | | | | 试验编号 | | | |
|---|---|---|---|---|---|---|---|
| 取样日期 | | | | 检验日期 | | | |
| 检验依据 | | | | 检验环境 | | | |
| 生产厂家 | | | | 生产批号 | | | |
| 主要仪器设备及型号 | | | | 检定/校准有效期至 | | | |
| | | | | | | | |
| 含水量 | 序号 | 蒸发皿质量/g | 烘干前试样+蒸发皿质量/g | 烘干后试样+蒸发皿质量/g | 烘干后试样质量/g | 含水量/% | 平均值/% |
| | 1 | | | | | | |
| | 2 | | | | | | |

### 3.1.6 试验数据处理

含水量按式(3.1.1)计算,准确至 0.1%。

$$\omega = \frac{m_1 - m_2}{m_1 - m} \times 100 \qquad\qquad (3.1.1)$$

式中　$\omega$——含水量,%;

$\quad m_1$——烘干前试样与蒸发皿的质量,g;

$\quad m_2$——烘干后试样与蒸发皿的质量,g;

$\quad m$——烘干后蒸发皿的质量,g。

每个样品应称取两个试样进行试验,取两个试样含水量的算术平均值为试验结果。若两个试样含水量的绝对差值大于 0.2% 时,应重新试验。

### 3.1.7 合格性评定

根据国家标准《用于水泥和混凝土中的粉煤灰》（GB/T 1596—2017）评定是否合格。

规定：$\omega \leqslant 1.0\%$ 为含水量合格。

**【学生自评】**

小组自评表见表 3.1.4，小组成员自评表见表 3.1.5。

表 3.1.4　　　　　　小　组　自　评　表

| 教学阶段 | 操 作 流 程 | 自评核查结果 | 成绩 |
|---|---|---|---|
| 试验准备 | 1. 准备试样（5分） | | |
| | 2. 正确选择天平（5分） | | |
| | 3. 天平调平、预热、校准（5分） | | |
| | 4. 检查仪器烘箱、天平是否运行正常（5分） | | |
| | 5. 干燥器中干燥剂是否处于干燥状态（5分） | | |
| 反思纠错 | （准备工作有无错、漏，纠正） | | |
| 试验操作 | 6. 烘干蒸发皿，并称量（5分） | | |
| | 7. 正确称取试样（10分） | | |
| | 8. 烘干（5分） | | |
| | 9. 冷却（10分） | | |
| | 10. 冷却后称量（10分） | | |
| 反思纠错 | （试验操作工作有无错、漏，纠正） | | |
| 数据处理 | 11. 计算含水量（5分） | | |
| | 12. 比较平行差（5分） | | |
| | 13. 计算平均值（5分） | | |
| | 14. 合格性判定（5分） | | |
| 反思纠错 | （数据处理工作有无错、漏，纠正） | | |
| 劳动素养 | 清理、归位、关机，完善仪器设备运行记录（10分） | | |
| | 试验操作台及地面清理（5分） | | |
| 合计 | | | |

表 3.1.5　　　　　　小　组　成　员　自　评　表

| 检测任务 | 粉煤灰含水量检测 | | 本人 | 小组其他成员 | | |
|---|---|---|---|---|---|---|
| 评价项目 | 评价标准 | 分值 | | 1 | 2 | 3 |
| 时间观念 | 本次检测是否存在迟到早退现象 | 20 | | | | |
| 学习态度 | 积极参与检测任务的准备与实施 | 20 | | | | |
| 专业能力 | 检测准备和实施过程中细心、专业技能和动手能力 | 20 | | | | |
| 沟通协作 | 沟通、倾听、团队协作能力 | 20 | | | | |
| 劳动素养 | 爱护仪器设备、保持环境卫生 | 20 | | | | |
| 小计 | | 100 | | | | |

**【小组成果展示】**

小组派代表介绍从试验准备到结束的全过程，小组中任务的分配、成员合作、检测过程的规范性等，其他小组依据小组成果展示对其进行评价。小组互评表见表 3.1.6，教师综合评价表见表 3.1.7。

表 3.1.6　　　　　　　　　　小 组 互 评 表

| 检 测 任 务 | 粉煤灰含水量检测 | |
| --- | --- | --- |
| 评价项目 | 分　值 | 得　分 |
| 课前准备情况 | 20 | |
| 成果汇报 | 20 | |
| 团队合作 | 20 | |
| 工作效率 | 10 | |
| 工作规范 | 10 | |
| 劳动素养 | 20 | |
| 小计 | 100 | |

表 3.1.7　　　　　　　　　　教 师 综 合 评 价 表

| 检测任务 | 粉煤灰含水量检测 | | |
| --- | --- | --- | --- |
| 评价项目 | 评 价 标 准 | 分值 | 得分 |
| 考勤 | 无迟到、早退、旷课现象 | 20 | |
| 课前 | 课前任务完成情况 | 10 | |
| 课中 | 态度认真、积极主动 | 10 | |
| | 具有安全意识、规范意识 | 10 | |
| | 检测过程规范、无误 | 10 | |
| | 团队协作、沟通 | 10 | |
| | 职业精神 | 10 | |
| | 检测项目完整，操作规范，数据处理方法正确 | 10 | |
| | 作业完成情况 | 10 | |
| 小计 | | 100 | |

**【职业能力训练】**

1. 选择题

（1）粉煤灰含水量过高会导致什么后果？（　　　）

A. 硬化速度加快　　　　　　　　　　B. 降低混凝土强度

C. 提高混凝土耐久性　　　　　　　　D. 增加混凝土的导热性

（2）粉煤灰的含水量通常是多少？（　　　）

A. 10% 以下　　　　　　　　　　　　B. 20% 以下

C. 30% 以下　　　　　　　　　　　　D. 40% 以下

（3）粉煤灰含水量的检测方法有哪些？（　　）

A. 烘干法 　　　　　　　　　　　B. 比重法

C. 滴定法 　　　　　　　　　　　D. 红外线吸收光谱法

2. 简答题

知识点总结：完善思维导图。

# 任务 3.2　粉煤灰需水量比检测

## 【任务描述】

LH 水库的拦河坝分别由土石坝和混凝土坝组成，总长 1148m。中间河床段为混凝土坝，坝长 254.5m，混凝土浇筑 46.86 万 m³。现需对运动场的粉煤灰进行复检。分析检测项目后下达检测项目粉煤灰需水量比。

请你对粉煤灰需水量比进行检测。

## 【学习目标】

**知识目标：**

（1）粉煤灰需水量比检测的基本理论知识。

（2）粉煤灰需水量比检测仪器主要参数及使用、检验方法、检验结果的计算及处理。

**能力目标：**

（1）能熟练进行粉煤灰需水量比检测试验。

（2）能够对检验结果进行正确计算及处理。

（3）对试验中出现的一般问题学会分析及处理。

**素质目标：**

培养学生的动手能力和团队协作能力及数据处理的能力。

**思政目标：**

培养学生吃苦耐劳、德技并重的劳动精神和工匠精神。树立安全意识，遵守操作规程。

## 【任务工作单】

工作任务分解表见表 3.2.1。

表 3.2.1　　　　　　　　　工 作 任 务 分 解 表

| 分组编号 | | 日期 | |
|---|---|---|---|

学习任务：粉煤灰需水量比检测

任务分解：

1. 查询文献熟悉粉煤灰需水量比检测基础知识。

2. 查阅规范熟悉粉煤灰需水量比检测应用的仪器设备、环境因素、操作方法。

3. 查阅规范熟悉粉煤灰需水量比检测数据处理。

4. 小组合作完成粉煤灰需水量比检测实验操作、原始记录及数据处理。

5. 完善粉煤灰需水量比检测思维导图

**【任务分组】**

小组成员组成及任务分工表见表 3.2.2。

表 3.2.2 小组成员组成及任务分工表

| 班级 | | | 组号 | | 指导教师 | |
|---|---|---|---|---|---|---|
| 组长 | | | 学号 | | | |
| 组员 | 姓名 | 学号 | | 姓名 | | 学号 |
| | | | | | | |
| | | | | | | |
| | | | | | | |
| 任务分工 | | | | | | |

**【思维导图】**

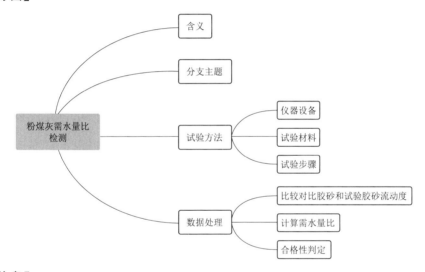

**【获取信息】**

引导问题 1：你查阅了哪些参考文献？请分别列出。查阅文献有哪些收获？

_____

_____

_____

_____

引导问题 2：粉煤灰需水量比对混凝土性能有什么影响？

_____

_____

_____

_____

引导问题 3：粉煤灰需水量比有哪些影响因素？

_____

_____

_____

_____

引导问题 4：粉煤灰需水量比的表示方法？

_____

_____

_____

_____

**【相关基础知识】**

需水量比是评价粉煤灰品质及其在工程应用中效果的重要物理指标。一般来说，需水量比越小，粉煤灰的品质越高，其减水效果和改善混凝土工作性能的能力也越强。

影响粉煤灰的需水量比的因素主要有烧失量、细度和活性指数等。

（1）烧失量。

烧失量对粉煤灰的需水量有负面作用。烧失量过大的粉煤灰将增加拌制混凝土时的用水量，从而降低混凝土强度和耐久性。

（2）细度。

粉煤灰细度较大时，其颗粒表面疏松多孔，蓄水能力强；同时，细小玻璃微珠较少，粉煤灰的滚珠轴承润滑作用减弱，降低浆体的流动性，导致需水量比增大。磨细粉煤灰时，粉磨打碎了粉煤灰中的多孔状无定型熔渣，减少了毛细管吸水作用，同时也打碎了粉煤灰中的组合粒子，减少了开口空心颗粒，从而使得水泥浆体或新拌混凝土的需水量比降低。

（3）活性指数。

粉煤灰的活性指数是指粉煤灰在混凝土中的水化反应能力与基准水泥水化反应能力的比值。粉煤灰的活性指数越高，其需水比越低。因为活性指数高的粉煤灰可以更好地与水泥水化产物发生反应，形成更多的凝胶体和晶体，从而降低混凝土的用水量。

**【检测任务实施】**

**3.2.1 试验目的**

测定粉煤灰的需水量比，用于评定粉煤灰的质量。

**3.2.2 试验依据**

《用于水泥和混凝土中的粉煤灰》（GB/T 1596—2017）。

**3.2.3 仪器设备**

行星式水泥胶砂搅拌机、天平、流动度跳桌、试模、捣棒、卡尺、小刀。

仪器设备要求参见任务 2.10 水泥胶砂流动度检测。

**3.2.4 材料**

水泥：应优先采用符合《中热硅酸盐水泥、低热硅酸盐水泥》（GB/T 200—

2017）的中热硅酸盐水泥，也可采用符合《通用硅酸盐水泥》（GB/T 175—2023）的42.5硅酸盐水泥（P·I型）。

标准砂：符合《中国 ISO 标准砂》（GSB 08-1337）规定的 0.5～1.0mm 的中级砂。

水：洁净的饮用水。

### 3.2.5　试验步骤

（1）空跳跳桌。

（2）湿布擦拭，并覆盖。

（3）胶砂材料准备。

胶砂材料按表 3.3.3 分别准备对比胶砂和试验胶砂材料。

表 3.2.3　　　　　　　　　　粉煤灰需水量比试验胶砂配比

| 胶砂种类 | 对比水泥 | 试 验 样 品 | | 标准砂 |
| --- | --- | --- | --- | --- |
| | | 对比水泥 | 粉煤灰 | |
| 对比胶砂 | 250 | — | — | 750 |
| 试验胶砂 | — | 175 | 75 | 750 |

（4）胶砂制备。

（5）胶砂装模。

试验步骤参照任务 2.10 水泥胶砂流动度检测。

（6）结果与计算。

跳动完毕，用卡尺测量胶砂底面互相垂直的两个方向直径，计算平均值，取整数，单位为 mm。该平均值即为该水量的水泥胶砂流动度。

当试验胶砂流动度达到对比胶砂流动度（$L_0$）的±2mm 时，记录此时的加水量（$m$）；当试验胶砂流动度超出对比胶砂流动度（$L_0$）的±2mm 时，重新调整加水量，直至试验胶砂流动度达到对比胶砂流动度（$L_0$）的±2mm 为止。

### 3.2.6　填写试验记录表格

表 3.2.4　　　　　　　　　　试 验 记 录 表

| 流转号 | | | 试验编号 | | |
| --- | --- | --- | --- | --- | --- |
| 取样日期 | | | 检验日期 | | |
| 检验依据 | | | 检验环境 | | |
| 生产厂家 | | | 生产批号 | | |
| 主要仪器<br>设备及型号 | | | 检定/校准<br>有效期至 | | |
| 需水<br>量比 | 胶砂种类 | 水泥质量/g | 粉煤灰质量/g | 标准砂质量/g | 用水量/mL | 需水量比/% |
| | 对比胶砂 | | | | | |
| | 试验胶砂 | | | | | |

### 3.2.7 试验数据处理

需水量比按下式计算，结果保留至 1%。

$$X = \frac{m}{125} \times 100 \qquad (3.2.1)$$

式中 $X$——需水量比，%；

$m$——试验胶砂流动度达到对比胶砂流动度（$L_0$）的 $\pm 2mm$ 时的加水量，g；

125——对比胶砂的加水量，g。

### 3.2.8 合格性评定

根据国家标准《用于水泥和混凝土中的粉煤灰》（GB/T 1596—2017）评定是否合格。

规定：Ⅰ级粉煤灰 $X \leqslant 95\%$，Ⅱ级粉煤灰 $X \leqslant 105\%$，Ⅲ级粉煤灰 $X \leqslant 115\%$ 为需水量比合格。

【学生自评】

小组自评表见表 3.2.5，小组成员自评表见表 3.2.6。

表 3.2.5 　　　　　　　　小 组 自 评 表

| 教学阶段 | 操 作 流 程 | 自评核查结果 | 成绩 |
|---|---|---|---|
| 试验准备 | 1. 准备试样（5分） | | |
| | 2. 正确选择天平（5分） | | |
| | 3. 天平调平、预热、校准（5分） | | |
| | 4. 检查仪器水泥胶砂搅拌机是否运行正常（10分） | | |
| | 5. 空跳桌（5分） | | |
| 反思纠错 | （准备工作有无错、漏，纠正） | | |
| 试验操作 | 6. 正确称取试样（5分） | | |
| | 7. 胶砂制备（5分） | | |
| | 8. 湿布擦拭跳桌及其用具，并覆盖（5分） | | |
| | 9. 装模（10分） | | |
| | 10. 取下模套，启动跳桌（5分） | | |
| | 11. 测量（5分） | | |
| 反思纠错 | （试验操作工作有无错、漏，纠正） | | |
| 数据处理 | 12. 计算平均值（5分） | | |
| | 13. 比较对比胶砂与试验胶砂流动度（5分） | | |
| | 14. 计算需水量比（5分） | | |
| | 15. 合格性判定（5分） | | |
| 反思纠错 | （数据处理工作有无错、漏，纠正） | | |
| 劳动素养 | 清理、归位、关机，完善仪器设备运行记录（10分） | | |
| | 试验操作台及地面清理（5分） | | |

表 3.2.6 小 组 成 员 自 评 表

| 检测任务 | 粉煤灰需水量比检测 | | 本人 | 小组其他成员 | | |
|---|---|---|---|---|---|---|
| 评价项目 | 评 价 标 准 | 分值 | | 1 | 2 | 3 |
| 时间观念 | 本次检测是否存在迟到早退现象 | 20 | | | | |
| 学习态度 | 积极参与检测任务的准备与实施 | 20 | | | | |
| 专业能力 | 检测准备和实施过程中细心、专业技能和动手能力 | 20 | | | | |
| 沟通协作 | 沟通、倾听、团队协作能力 | 20 | | | | |
| 劳动素养 | 爱护仪器设备、保持环境卫生 | 20 | | | | |
| 小计 | | 100 | | | | |

**【小组成果展示】**

小组派代表介绍从试验准备到结束的全过程，小组中任务的分配、成员合作、检测过程的规范性等，其他小组依据小组成果展示对其进行评价。小组互评表见表 3.2.7，教师综合评价表见表 3.2.8。

表 3.2.7 小 组 互 评 表

| 检 测 任 务 | 粉煤灰需水量比检测 | |
|---|---|---|
| 评价项目 | 分 值 | 得 分 |
| 课前准备情况 | 20 | |
| 成果汇报 | 20 | |
| 团队合作 | 20 | |
| 工作效率 | 10 | |
| 工作规范 | 10 | |
| 劳动素养 | 20 | |
| 小计 | 100 | |

表 3.2.8 教 师 综 合 评 价 表

| 检测任务 | 粉煤灰需水量比检测 | | |
|---|---|---|---|
| 评价项目 | 评 价 标 准 | 分值 | 得分 |
| 考勤 | 无迟到、早退、旷课现象 | 20 | |
| 课前 | 课前任务完成情况 | 10 | |
| 课中 | 态度认真、积极主动 | 10 | |
| | 具有安全意识、规范意识 | 10 | |
| | 检测过程规范、无误 | 10 | |
| | 团队协作、沟通 | 10 | |
| | 职业精神 | 10 | |
| | 检测项目完整，操作规范，数据处理方法正确 | 10 | |
| | 作业完成情况 | 10 | |
| 小计 | | 100 | |

【职业能力训练】

1. 选择题

（1）关于粉煤灰需水量比的描述，以下说法正确的是（　　）。

A. 它是指粉煤灰的用水量与标准砂的用水量之比

B. 它反映了粉煤灰的需水性能

C. 它的值越大，表示粉煤灰的需水性能越差

D. 它不受粉煤灰密度的影响。

（2）在粉煤灰需水量比试验中，通常使用（　　）。

A. 标准砂

B. 普通砂

C. 石英砂

D. 高岭土砂

# 任务 3.3　粉煤灰三氧化硫含量检测

## 【任务描述】

LH 水库的拦河坝分别由土石坝和混凝土坝组成，总长 1148m。中间河床段为混凝土坝，坝长 254.5m，混凝土浇筑 46.86 万 $m^3$。现需对进场的粉煤灰进行复检。分析检测项目后下达检测项目粉煤灰三氧化硫含量。

请你对粉煤灰三氧化硫含量进行检测。

## 【学习目标】

**知识目标：**

（1）粉煤灰三氧化硫含量检测的基本理论知识。

（2）粉煤灰三氧化硫含量检测仪器主要参数及使用、检验方法、检验结果的计算及处理。

**能力目标：**

（1）能熟练进行粉煤灰三氧化硫含量检测试验。

（2）能够对检验结果进行正确计算及处理。

（3）对试验中出现的一般问题学会分析及处理。

**素质目标：**

培养学生的动手能力和团队协作能力及数据处理的能力。

**思政目标：**

培养学生吃苦耐劳、德技并重的劳动精神和工匠精神。树立安全意识，遵守操作规程。

## 【任务工作单】

工作任务分解表见表 3.3.1。

表 3.3.1　　　　　　　　　　　工 作 任 务 分 解 表

| 分组编号 | | 日期 | |
|---|---|---|---|

学习任务：粉煤灰三氧化硫含量检测

任务分解：

1. 查询文献熟悉粉煤灰三氧化硫含量检测基础知识。
2. 查阅规范熟悉粉煤灰三氧化硫含量检测应用的仪器设备、环境因素、操作方法。
3. 查阅规范熟悉粉煤灰三氧化硫含量检测数据处理。
4. 小组合作完成粉煤灰三氧化硫检测实验操作、原始记录及数据处理。
5. 完善粉煤灰三氧化硫含量检测思维导图

## 【任务分组】

小组成员组成及任务分工表见表 3.3.2。

表 3.3.2　　　　　　　　　　小组成员组成及任务分工表

| 班级 | | 组号 | | 指导教师 | |
|---|---|---|---|---|---|
| 组长 | | 学号 | | | |
| 组员 | 姓名 | 学号 | 姓名 | 学号 | |
| | | | | | |
| | | | | | |
| | | | | | |
| 任务分工 | | | | | |

## 【思维导图】

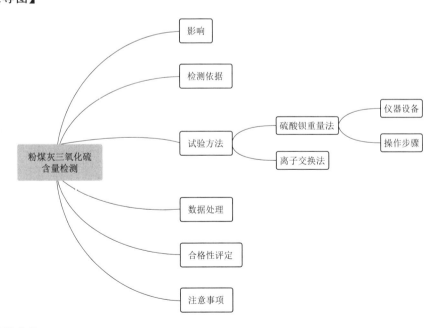

## 【获取信息】

引导问题 1：请列出你查阅了哪些参考文献？查阅文献有哪些收获？

引导问题 2：三氧化硫对粉煤灰有哪些影响？

引导问题 3：粉煤灰三氧化硫检测有哪些方法？以哪种方法为主？

【相关基础知识】

粉煤灰是燃煤电厂燃烧后排出的废渣，其可以作为混凝土的掺合料，以提高混凝土的性能。但粉煤灰中三氧化硫含量过高则影响体积安定性，制成的混凝土易发生不均匀体积变形，从而导致混凝土膨胀、开裂、翘曲等问题。因此，三氧化硫含量是评定粉煤灰质量的重要指标之一。根据国家标准《用与水泥和混凝土中的粉煤灰》（GB/T 1596—2017）规定，粉煤灰中三氧化硫含量不能超过 3%。

粉煤灰三氧化硫含量检测按照《水泥化学分析方法》（GB/T 176—2017）进行。

【检测任务实施】

### 3.3.1 目的

检验粉煤灰中三氧化硫含量，评定粉煤灰质量。

### 3.3.2 试验方法

粉煤灰中三氧化硫含量检测方法：硫酸钡重量法。

### 3.3.3 仪器设备

（1）电子天平：量程不小于 20g，感量不大于 0.0001g。

（2）高温炉。

（3）电炉。

（4）坩埚、滤纸、烧杯、玻璃棒。

### 3.3.4 试样制备

采用四分法将试样缩分至约 100g，经 150μm 方孔筛筛析后，除去杂物，用磁铁吸去筛余物中的金属铁。将筛余物经过研磨后使其全部通过孔径为 150μm 方孔筛，充分混匀，装入干净、干燥的试样瓶中，密封，进一步混匀供测试用。

### 3.3.5 试剂制备

（1）盐酸溶液（1+1）：将 50mL 的水加入洁净的适量容积的烧杯中，然后加入 50mL 浓度为 36% 的盐酸，边加边搅拌，然后转移入试剂瓶中。

（2）氯化钡溶液（100g/L）：将 100g 氯化钡溶解于水中，加水稀释至 1L，必要时过滤后使用。

（3）硝酸银溶液（5g/L）：将 0.5g 硝酸银溶解于水中，加入 1mL 硝酸，加水稀释至 100mL，储存于棕色瓶中。

### 3.3.6 试验步骤

（1）称取约 0.5g 试样（$m_1$），精确至 0.0001g，置于 200mL 烧杯中，加入 40mL 水，搅拌使试样完全分散。

（2）然后边搅拌边加入 10mL 盐酸（1+1），用平头玻璃棒压碎块状物，慢慢的加热溶液直至粉煤灰完全分解。

（3）加热煮沸并保持微沸 5~10min。用中速滤纸过滤，用热水洗涤 10~12 次，滤液及洗液收集于 400mL 烧杯中。加水稀释至约 250mL，玻璃棒底部压一小片定量滤纸，盖上表面皿，加热煮沸，在微沸下从杯口缓慢逐滴加入 10mL 热的氯化钡溶液，继续微沸数分钟使沉淀良好地形成，然后在常温下静置 12~24h 或温热处静置至少 1h（有争议时，以常温下静置 12~24h 的结果为准），溶液的体积应保持在约 200mL。

（4）将静置过的溶液用慢速滤纸过滤，用热水洗涤，用胶头擦棒和定量滤纸片擦洗烧杯及玻璃棒，洗涤至检验无氯离子为止（用水冲洗一下漏斗的下端，继续用水洗涤滤纸和沉淀，将滤液收集于试管中，加几滴硝酸银溶液，观察试管中的溶液是否浑浊。如果浑浊，继续洗涤并检验，直至用硝酸银检验不再浑浊为止）。

（5）将沉淀及滤纸一并移入灼烧恒量的瓷坩埚中，灰化完全后，放入 800~950℃ 的高温炉内灼烧 30min 以上，取出坩埚，置于干燥器中冷却至室温，称量，反复灼烧直至恒量或在 800~950℃ 下灼烧约 30min，置于干燥器中冷却至室温后称量（$m_2$）。

### 3.3.7 填写试验记录

根据试验结果，填写试验记录表，见表 3.3.3。

表 3.3.3　　　　　　　　　　试 验 记 录 表

| 样品编号 | | 试验设备 | | | |
|---|---|---|---|---|---|
| 样品名称 | | 环境条件 | | 温度　　℃　湿度　　% | |
| 样品描述 | | 试验规程 | | | |
| 任务单号 | | 试验日期 | | 年　月　日 | |
| 基准法 | | | | | |
| 序号 | 试样质量 $m_1$/g | 坩埚质量 /g | 坩埚+灼烧后沉淀质量/g | 灼烧后沉淀质量 $m_2$/g | 三氧化硫质量分数 /% | 平均值 /% |
| 1 | | | | | | |
| 2 | | | | | | |
| 结论： | | | | | | |

复核：　　　　　　　记录：　　　　　　　试验：

### 3.3.8 试验结果处理

试样中硫酸盐三氧化硫的质量分数按下式计算:

$$\omega_{SO_3} = \frac{m_2 \times 0.343}{m_1} \times 100 \qquad (3.3.1)$$

式中　$\omega_{SO_3}$——硫酸盐三氧化硫的质量分数,%;

　　　$m_2$——灼烧后沉淀的质量,g;

　　　$m_1$——试料的质量,g;

　　　0.343——硫酸钡对三氧化硫的换算系数。

### 3.3.9 合格性评定

根据国家标准《用于水泥和混凝土中的粉煤灰》(GB/T 1596—2017)评定是否合格。

规定:粉煤灰三氧化硫 $\omega_{SO_3} \leqslant 3.0\%$ 为合格。

评定结论填入表 6.5.4 粉煤灰三氧化硫试验记录表(硫酸钡重量法)。

注意:

(1)试验前必须检查所有仪器设备,确保设备功能使用正常。

(2)电子天平必须正确放在水平、坚固、稳定、无振动的工作台面上;调节天平使水平仪内的水平泡位于圆环的中央。

(3)恒量:经第一次灼烧、冷却、称量后,通过连续对每次 15min 的灼烧,然后冷却,称量的方法来检查恒定质量,当连续两次称量之差小于 0.0005g,即达到恒量。

(4)接触高温物品时必须戴好干燥的隔热手套。

(5)试验结束后应关闭电源,清洁仪器。

【学生自评】

小组自评表见表 3.3.4,小组成员自评表见表 3.3.5。

表 3.3.4　　　　　　　　　小 组 自 评 表

| 教学阶段 | 操 作 流 程 | 自评核查结果 | 成绩 |
|---|---|---|---|
| 试验准备 | 1. 取样 (5分) | | |
| | 2. 过 0.15mm 筛 (5分) | | |
| | 3. 试剂制备 (5分) | | |
| | (1) 盐酸溶液 (1+1) | | |
| | (2) 氯化钡溶液 (100g/L) | | |
| | (3) 硝酸银溶液 (5g/L) | | |
| | 4. 检查仪器能否正常运行 (5分) | | |
| 反思纠错 | (准备工作有无错、漏,纠正) | | |
| 试验操作 | 5. 准确称取试样,并将其置于 200mL 烧杯中,加水摇匀 (5分) | | |
| | 6. 边搅拌边加盐酸 (5分) | | |

| 教学阶段 | 操 作 流 程 | 自评核查结果 | 成绩 |
|---|---|---|---|
| 试验操作 | 7. 加热煮沸（5 分） | | |
| | 8. 滤纸过滤，收集滤液（5 分） | | |
| | 9. 再加热煮沸（5 分） | | |
| | 10. 准确滴入氯化钡溶液，静置（5 分） | | |
| | 11. 再过滤（5 分） | | |
| | 12. 高温炉灼烧 30min（5 分） | | |
| | 13. 准确称量（5 分） | | |
| 反思纠错 | （试验操作工作有无错、漏，纠正） | | |
| 数据处理 | 14. 试验结果计算（10 分） | | |
| | 15. 判断绝对差值是否在重复性限内（5 分） | | |
| | 16. 合格性判定（5 分） | | |
| 反思纠错 | （数据处理工作有无错、漏，纠正） | | |
| 劳动素养 | 关机、完善仪器设备运行记录仪器设备整理（10 分） | | |
| | 操作台清理（5 分） | | |
| 小计 | | | |

表 3.3.5　　　　　　　　小 组 成 员 自 评 表

| 检测任务 | 粉煤灰三氧化硫含量检测 | | 本人 | 小组其他成员 | | |
|---|---|---|---|---|---|---|
| 评价项目 | 评 价 标 准 | 分值 | | 1 | 2 | 3 |
| 时间观念 | 本次检测是否存在迟到早退现象 | 20 | | | | |
| 学习态度 | 积极参与检测任务的准备与实施 | 20 | | | | |
| 专业能力 | 检测准备和实施过程中细心、专业技能和动手能力 | 20 | | | | |
| 沟通协作 | 沟通、倾听、团队协作能力 | 20 | | | | |
| 劳动素养 | 爱护仪器设备、保持环境卫生 | 20 | | | | |
| 小计 | | 100 | | | | |

【小组成果展示】

　　小组派代表介绍从试验准备到结束的全过程，小组中任务的分配、成员合作、检测过程的规范性等，其他小组依据小组成果展示对其进行评价。小组互评表见表 3.3.6，教师综合评价表见表 3.3.7。

表 3.3.6　　　　　　　　　小 组 互 评 表

| 检 测 任 务 | 粉煤灰三氧化硫含量检测 | |
|---|---|---|
| 评价项目 | 分 值 | 得 分 |
| 课前准备情况 | 20 | |
| 成果汇报 | 20 | |

续表

| 检 测 任 务 | 粉煤灰三氧化硫含量检测 | |
|---|---|---|
| 团队合作 | 20 | |
| 工作效率 | 10 | |
| 工作规范 | 10 | |
| 劳动素养 | 20 | |
| 小计 | 100 | |

表 3.3.7　　　　　　　　　　教 师 综 合 评 价 表

| 检测任务 | 粉煤灰三氧化硫含量检测 | | |
|---|---|---|---|
| 评价项目 | 评 价 标 准 | 分值 | 得分 |
| 考勤 | 无迟到、早退、旷课现象 | 20 | |
| 课前 | 课前任务完成情况 | 10 | |
| 课中 | 态度认真、积极主动 | 10 | |
| | 具有安全意识、规范意识 | 10 | |
| | 检测过程规范、无误 | 10 | |
| | 团队协作、沟通 | 10 | |
| | 职业精神 | 10 | |
| | 检测项目完整，操作规范，数据处理方法正确 | 10 | |
| | 作业完成情况 | 10 | |
| 小计 | | 100 | |

**【职业能力训练】**

1. 单项选择题

（1）《水泥化学分析方法》（GB/T 176—2017）粉煤灰三氧化硫试验中高温电阻炉的温度控制在多少度？（　　）

A. 950℃　　　　　　　　　　　　B. 1000℃

C. 800～1000℃　　　　　　　　　D. 800～950℃

（2）粉煤灰三氧化硫试验中下面哪些说法是错误的？（　　）

A. 将称取的样品放入已灼烧恒量的瓷坩埚中

B. 加入 10mL 盐酸（1+1）

C. 在 950～1001℃下灼烧

D. 灼烧时间为 30min

（3）粉煤灰三氧化硫试验中，所采用的方法测试结果不一致的以（　　）方法为准。

A. 硫酸钡重量法　　　　　　　　　B. 碘量法

C. 离子交换法　　　　　　　　　　D. 甘油法

（4）根据《用与水泥和混凝土中的粉煤灰》（GB/T 1596—2017）规定，粉煤灰三氧化硫含量不能超过（　　）%。

A. 2　　　　　　B. 3　　　　　　C. 4　　　　　　D. 5

（5）粉煤灰三氧化硫试验中，试样称量的精度为（　　）g。

A. 0.1　　　　　　　B. 0.01　　　　　　　C. 0.001　　　　　　　D. 0.0001

2. 简答题

（1）采用硫酸钡重量法进行粉煤灰三氧化硫检测时，如何确定溶液中是否含有氯离子？

_____

_____

_____

拓展阅读

粉煤灰三氧化硫含量的检验检测——碘量法

（2）粉煤灰三氧化硫检测—硫酸钡重量法试验过程中应该注意哪些问题？

_____

_____

_____

_____

拓展阅读

粉煤灰三氧化硫含量的检验检测——离子交换法

# 任务 3.4　粉煤灰游离氧化钙含量检测

## 【任务描述】

LH 水库的拦河坝分别由土石坝和混凝土坝组成，总长 1148m。中间河床段为混凝土坝，坝长 254.5m，混凝土浇筑 46.86 万 $m^3$。现需对运动场的粉煤灰进行复检。分析检测项目后下达检测项目粉煤灰游离氧化钙含量。

请你对粉煤灰游离氧化钙含量进行检测。

## 【学习目标】

**知识目标：**

（1）粉煤灰游离氧化钙含量检测的基本理论知识。

（2）粉煤灰游离氧化钙含量检测仪器主要参数及使用、检验方法、检验结果的计算及处理。

**能力目标：**

（1）能熟练进行粉煤灰游离氧化钙含量检测试验。

（2）能够对检验结果进行正确计算及处理。

（3）对试验中出现的一般问题学会分析及处理。

**素质目标：**

培养学生的动手能力和团队协作能力及数据处理的能力。

**思政目标：**

培养学生吃苦耐劳、德技并重的劳动精神和工匠精神。树立安全意识，遵守操作规程。

## 【任务工作单】

工作任务分解表见表 3.4.1。

表 3.4.1 工 作 任 务 分 解 表

| 分组编号 | | 日期 | |
| --- | --- | --- | --- |
| 学习任务：粉煤灰游离氧化钙含量检测 | | | |

任务分解：

1. 查询文献熟悉粉煤灰游离氧化钙含量检测基础知识。
2. 查阅规范熟悉粉煤灰游离氧化钙含量检测应用仪器设备、环境因素、操作方法。
3. 查阅规范熟悉粉煤灰游离氧化钙含量检测数据处理。
4. 小组合作完成粉煤灰游离氧化钙检测实验操作、原始记录及数据处理。
5. 完善粉煤灰游离氧化钙含量检测思维导图

## 【任务分组】

小组成员组成及任务分工表见表 3.4.2。

表 3.4.2 小组成员组成及任务分工表

| 班级 | | 组号 | | 指导教师 | |
| --- | --- | --- | --- | --- | --- |
| 组长 | | 学号 | | | |
| 组员 | 姓名 | 学号 | 姓名 | | 学号 |
| | | | | | |
| | | | | | |
| | | | | | |
| 任务分工 | | | | | |

## 【思维导图】

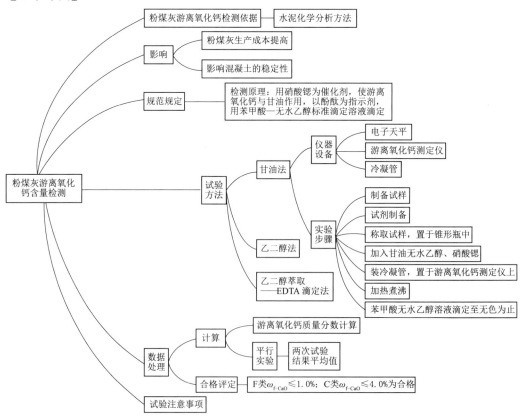

**【获取信息】**

引导问题 1：请列出你查阅了哪些参考文献？查阅文献有哪些收获？

_____

_____

_____

_____

引导问题 2：游离氧化钙含量对粉煤灰有哪些影响？

_____

_____

_____

_____

引导问题 3：粉煤灰游离氧化钙检测有哪些方法？以哪种方法为主？

_____

_____

_____

_____

**【基础知识】**

游离氧化钙是指熟料中没有以化合状态存在而是以游离状态存在的氧化钙，又称游离石灰（f-CaO）。

游离状态的氧化钙会直接影响混凝土的稳定性。因此，测定粉煤灰中游离氧化钙含量以确保混凝土的质量非常重要。

粉煤灰游离氧化钙含量检测按照《水泥化学分析方法》（GB/T 176—2017）进行。

**【检测任务实施】**

### 3.4.1 试验目的

检验粉煤灰中游离氧化钙含量；评定粉煤灰质量。

### 3.4.2 试验方法

粉煤灰中游离氧化钙含量测定方法：甘油法。

### 3.4.3 仪器设备

（1）游离氧化钙测定仪：测量范围：0～10.00%，量感：0.01%，如图 3.4.1 所示。

（2）冷凝管，如图 3.4.2 所示。

（3）电子天平：精度 0.0001g。

（4）坩埚、量筒、锥形瓶、滴定管、干燥器等。

图 3.4.1 游离氧化钙测定仪          图 3.4.2 冷凝管

### 3.4.4 试样制备

采用四分法将试样缩分至约 100g，经 150μm 方孔筛筛析后，除去杂物，用磁铁吸去筛余物中的金属铁。将筛余物经过研磨后使其全部通过孔径为 150μm 方孔筛，充分混匀，装入干净、干燥的试样瓶中，密封，进一步混匀供测试用。

### 3.4.5 试剂制备

(1) 甘油-无水乙醇溶液 (1+2)：将 500mL 丙三醇与 1000mL 无水乙醇混合，加入 0.1g 酚酞，混匀。用氢氧化钠-无水乙醇溶液中和至微红色。储存于干燥密封的瓶中，防止吸潮。

(2) 氢氧化钠-无水乙醇溶液 (0.1mol/L)：将 0.4g 氢氧化钠溶于 100mL 无水乙醇中，防止吸潮。

(3) 苯甲酸-无水乙醇标准滴定溶液 $[c\ (C_6H_5COOH)=0.1mol/L]$。

1) 苯甲酸-无水乙醇标准滴定溶液的配制。称取 12.2g 已于干燥器中干燥 24h 后的苯甲酸溶于 1000mL 无水乙醇中，储存于带胶塞（装有硅胶干燥管）的玻璃瓶内。

2) 苯甲酸-无水乙醇标准滴定溶液标定。取一定量碳酸钙（$CaCO_3$，基准试剂）置于铂（或瓷）坩埚中，在 (950±25)℃下灼烧至恒量。

称取 0.04g 氧化钙 ($m_5$)，精确至 0.0001g，置于 250mL 干燥的锥形瓶中，加入 30mL 甘油-无水乙醇溶液，加入 1g 硝酸锶，放入一根干燥的搅拌子，装上冷凝管，置于游离氧化钙测定仪上，以适当的速度搅拌溶液，同时升温并加热煮沸，在搅拌下微沸 10min 后，取下锥形瓶，立即用苯甲酸-无水乙醇标准滴定溶液滴定至微红色消失。

再装上冷凝管，继续在搅拌下煮沸至红色出现，再取下滴定。如此反复操作，直至在加热 10min 后不出现红色为止 ($V_9$)。

苯甲酸-无水乙醇标准滴定溶液对氧化钙的滴定度按下式计算：

$$T''_{CaO}=\frac{m_5\times1000}{V_9} \tag{3.4.1}$$

式中    $T''_{CaO}$——苯甲酸-无水乙醇标准滴定溶液对氧化钙的滴定度，mg/mL；

$m_5$——氧化钙的质量，g；

$V_9$——滴定时消耗苯甲酸-无水乙醇标准滴定溶液的总体积，mL。

### 3.4.6 试验步骤

（1）称取约 0.5g 试样（$m_{48}$），精确至 0.0001g，置于 250mL 干燥的锥形瓶中，加入 30mL 甘油-无水乙醇溶液，加入 1g 硝酸锶，放入一根干燥的搅拌子，装上冷凝管。

（2）将其置于游离氧化钙测定仪上，以适当的速度搅拌溶液，同时升温并加热煮沸，在搅拌下微沸 10min 后，取下锥形瓶。

（3）然后立即用苯甲酸-无水乙醇标准滴定溶液滴定至微红色消失。

（4）再装上冷凝管，继续在搅拌下煮沸至红色出现，再取下滴定。

（5）如此反复操作，直至在加热 10min 后不出现红色为止（$V_{22}$）。

（6）填写试验表格。根据试验结果，填写粉煤灰游离氧化钙含量检测原始记录表 3.4.3。

表 3.4.3　　　　　　　　　粉煤灰游离氧化钙含量检测原始记录表

| 样品编号 | | | 试验设备 | | |
|---|---|---|---|---|---|
| 样品名称 | | | 环境条件 | 温度　℃　湿度　％ | |
| 样品描述 | | | 试验规程 | | |
| 任务单号 | | | 试验日期 | 年　月　日 | |

| 游离氧化钙含量（甘油法） | | | | | | | |
|---|---|---|---|---|---|---|---|
| 序号 | 试样质量 $m_{48}$ /g | 氧化钙质量 $m_5$/g | 滴定时消耗苯甲酸-无水乙醇标准滴定溶液的总体积 $V_9$/mL | 苯甲酸-无水乙醇标准滴定溶液对氧化钙的滴定度 $T''_{CaO}=\dfrac{m_5\times1000}{V_9}$ /(mg/mL) | 滴定时滴定时消耗苯甲酸-无水乙醇标准滴定溶液的总体积 $V_{32}$/mL | 游离氧化钙质量百分数 $\omega_{fCaO}=\dfrac{T''_{CaO}\times V_{32}\times0.1}{m_{48}}$ /% | 平均值 /% |
| 1 | | | | | | | |
| 2 | | | | | | | |

备注：

复核：　　　　　　　　　　　记录：　　　　　　　　　　　试验：

### 3.4.7 试验数据处理

试样中游离氧化钙的质量分数按下式计算：

$$\omega_{fCaO}=\frac{T''_{CaO}\times V_{32}}{m_{48}\times1000}\times100=\frac{T''_{CaO}\times V_{32}\times0.1}{m_{48}} \tag{3.4.2}$$

式中　$\omega_{fCaO}$——游离氧化钙的质量分数，％；

$T''_{CaO}$——苯甲酸-无水乙醇标准滴定溶液对氧化钙的滴定度，mg/mL；

$V_{32}$——滴定时消耗苯甲酸-无水乙醇标准滴定溶液的总体积，mL；

$m_{48}$——试料的质量，g。

### 3.4.8 合格性评定

根据国家标准《用于水泥和混凝土中的粉煤灰》（GB/T 1596—2017）评定是否合格。

规定：粉煤灰游离氧化钙含量 F 类 $\omega_{f\text{-}CaO} \leq 1.0\%$，C 类 $\omega_{f\text{-}CaO} \leq 4.0\%$ 为合格。

评定结论填入表 3.4.3 粉煤灰游离氧化钙试验记录表（甘油法）。

注意：

（1）试验前必须检查所有仪器设备，确保设备功能使用正常。

（2）电子天平必须正确放在水平、坚固、稳定、无振动的工作台面上；调节天平使水平仪内的水平泡位于圆环的中央。

（3）试验前还要认真检查被测样品，不得受潮、结块或混有其他杂质。

（4）试验结束后应关闭电源，清洁仪器。

（5）试验的允许误差为：粉煤灰游离氧化钙含量小于 2% 时，允许误差为 0.10%；粉煤灰游离氧化钙含量大于 2% 时，允许误差为 0.20%。

【学生自评】

小组自评表见表 3.4.4，小组成员自评表见表 3.4.5。

表 3.4.4 小 组 自 评 表

| 教学阶段 | 操 作 流 程 | 自评核查结果 | 成绩 |
|---|---|---|---|
| 试验准备 | 1. 取样（5分） | | |
| | 2. 过 0.15mm 筛（5分） | | |
| | 3. 试剂制备（10分） | | |
| | （1）甘油-无水乙醇溶液（1+2） | | |
| | （2）氢氧化钠-无水乙醇溶液（0.1mol/L） | | |
| | （3）苯甲酸-无水乙醇标准滴定溶液 $[c(C_6H_5COOH)=0.1mol/L]$ | | |
| | 4. 检查仪器能否正常运行（5分） | | |
| 反思纠错 | （准备工作有无错、漏，纠正） | | |
| 试验操作 | 5. 准确称取试样（5分） | | |
| | 6. 加入 30mL 甘油-无水乙醇、1g 硝酸锶（5分） | | |
| | 7. 置于游离氧化钙测定仪上，并加热煮沸（5分） | | |
| | 8. 用滴定溶液进行滴定（10分） | | |
| | 9. 反复进行操作（10分） | | |
| 反思纠错 | （试验操作工作有无错、漏，纠正） | | |
| 数据处理 | 10. 试验结果计算（10分） | | |
| | 11. 判断绝对差值是否在重复性限内（10分） | | |
| | 12. 合格性判定（5分） | | |
| 反思纠错 | （数据处理工作有无错、漏，纠正） | | |
| 劳动素养 | 仪器设备整理关机，完善仪器设备运行记录（10分） | | |
| | 操作台清理（5分） | | |

表 3.4.5　　　　　　　　小 组 成 员 自 评 表

| 检测任务 | 粉煤灰游离氧化钙含量检测 | | 本人 | 小组其他成员 | | |
|---|---|---|---|---|---|---|
| 评价项目 | 评 价 标 准 | 分值 | | 1 | 2 | 3 |
| 时间观念 | 本次检测是否存在迟到早退现象 | 20 | | | | |
| 学习态度 | 积极参与检测任务的准备与实施 | 20 | | | | |
| 专业能力 | 检测准备和实施过程中细心、专业技能和动手能力 | 20 | | | | |
| 沟通协作 | 沟通、倾听、团队协作能力 | 20 | | | | |
| 劳动素养 | 爱护仪器设备、保持环境卫生 | 20 | | | | |
| 小计 | | 100 | | | | |

**【小组成果展示】**

　　小组派代表介绍从试验准备到结束的全过程，小组中任务的分配、成员合作、检测过程的规范性等，其他小组依据小组成果展示对其进行评价。小组互评表见表 3.4.6，教师综合评价表见表 3.4.7。

表 3.4.6　　　　　　　　小 组 互 评 表

| 检 测 任 务 | 粉煤灰游离氧化钙含量检测 | |
|---|---|---|
| 评 价 项 目 | 分 　 值 | 得 　 分 |
| 课前准备情况 | 20 | |
| 成果汇报 | 20 | |
| 团队合作 | 20 | |
| 工作效率 | 10 | |
| 工作规范 | 10 | |
| 劳动素养 | 20 | |
| 小计 | 100 | |

表 3.4.7　　　　　　　　教 师 综 合 评 价 表

| 检测任务 | 粉煤灰游离氧化钙含量检测 | | |
|---|---|---|---|
| 评价项目 | 评 价 标 准 | 分值 | 得分 |
| 考勤 | 无迟到、早退、旷课现象 | 20 | |
| 课前 | 课前任务完成情况 | 10 | |
| 课中 | 态度认真、积极主动 | 10 | |
| | 具有安全意识、规范意识 | 10 | |
| | 检测过程规范、无误 | 10 | |
| | 团队协作、沟通 | 10 | |
| | 职业精神 | 10 | |
| | 检测项目完整，操作规范，数据处理方法正确 | 10 | |
| | 作业完成情况 | 10 | |
| 小计 | | 100 | |

**【职业能力训练】**

1. 选择题

（1）采用甘油法测定粉煤灰游离氧化钙时，需将试样置于游离氧化钙测定仪上加热煮沸（　　）min。

A. 5　　　　　　　　B. 10　　　　　　　　C. 15　　　　　　　　D. 20

（2）根据《用于水泥和混凝土中的粉煤灰》（GB/T 1596—2017）规定，F 类粉煤灰游离氧化钙含量不能超过（　　）。

A. 1%　　　　　　　B. 2%　　　　　　　C. 4%　　　　　　　D. 5%

（3）粉煤灰游离氧化钙试验中，试样称量的精度为（　　）。

A. 0.1g　　　　　　B. 0.01g　　　　　　C. 0.001g　　　　　　D. 0.0001g

2. 简答题

（1）采用甘油法测定粉煤灰游离氧化钙时，苯甲酸-无水乙醇标准滴定溶液如何标定？

_____

_____

_____

_____

（2）苯甲酸-无水乙醇标准滴定溶液如何制备？如何进行标定？

拓展阅读

游离氧化钙含量的检验检测——乙二醇法

_____

_____

_____

（3）粉煤灰游离氧化钙检测——甘油法试验过程中应该注意哪些问题？

拓展阅读

粉煤灰游离氧化钙含量的检验检测——乙二醇萃取-EDTA 滴定法

_____

_____

（4）当甘油法、乙二醇法、乙二醇萃取-EDTA 滴定法测定结果发生争议时，以哪种方法为准？

_____

_____

_____

# 任务 3.5　粉煤灰强度活性指数检测

**【任务描述】**

LH 水库的拦河坝分别由土石坝和混凝土坝组成，总长 1148m。中间河床段为混凝土坝，坝长 254.5m，混凝土浇筑 46.86 万 $m^3$。现需对运动场的粉煤灰进行复检。分析检测项目后下达检测项目粉煤灰强度活性指数。

请你对粉煤灰强度活性指数进行检测。

## 【学习目标】

**知识目标：**

（1）粉煤灰强度活性指数检测的基本理论知识。

（2）粉煤灰强度活性指数检测仪器主要参数及使用、检验方法、检验结果的计算及处理。

**能力目标：**

（1）能熟练进行粉煤灰强度活性指数检测试验。

（2）能够对检验结果进行正确计算及处理。

（3）对试验中出现的一般问题学会分析及处理。

**素质目标：**

培养学生的动手能力和团队协作能力及数据处理的能力。

**思政目标：**

培养学生吃苦耐劳、德技并重的劳动精神和工匠精神。树立安全意识，遵守操作规程。

## 【任务工作单】

工作任务分解表见表 3.5.1。

表 3.5.1　　　　　　　　　　工 作 任 务 分 解 表

| 分组编号 | | 日期 | |
|---|---|---|---|
| 学习任务：粉煤灰强度活性指数检测 | | | |

任务分解：

1. 查询文献熟悉粉煤灰强度活性指数检测基础知识。

2. 查阅规范熟悉粉煤灰强度活性指数检测应用的仪器设备、环境因素、操作方法。

3. 查阅规范熟悉粉煤灰强度活性指数检测数据处理。

4. 小组合作完成粉煤灰强度活性指数检测实验操作、原始记录及数据处理。

5. 完善粉煤灰强度活性指数检测思维导图

## 【任务分组】

小组成员组成及任务分工表见表 3.5.2。

表 3.5.2　　　　　　　　小组成员组成及任务分工表

| 班级 | | 组号 | | 指导教师 | |
|---|---|---|---|---|---|
| 组长 | | 学号 | | | |
| 组员 | 姓名 | 学号 | | 姓名 | 学号 |
| | | | | | |
| | | | | | |
| | | | | | |
| 任务分工 | | | | | |

【思维导图】

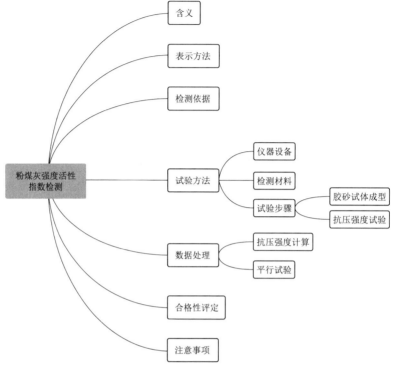

【获取信息】

引导问题 1：请列出你查阅了哪些参考文献？查阅文献有哪些收获？

_____

_____

_____

_____

_____

引导问题 2：强度活性指数性对粉煤灰有哪些影响？

_____

_____

_____

_____

_____

_____

【基础知识】

粉煤灰强度活性指数是指试验胶砂抗压强度与对比胶砂强度之比，以百分数表示。

粉煤灰强度活性指数是确定粉煤灰质量是否合格的一项重要指标。

粉煤灰强度活性指数检测按照《用于水泥和混凝土中的粉煤灰》（GB/T 1596—

2017）进行。

**【检测任务实施】**

### 3.5.1 试验目的

通过试验检验粉煤灰的强度活性，用以评定粉煤灰的质量。

### 3.5.2 粉煤灰强度活性指数检测材料

（1）对比水泥：符合《强度检验用水泥标准样品》（GSB 14-1510-F03—2022）规定或符合《通用硅酸盐水泥》（GB 175—2023）规定的强度等级 42.5 的硅酸盐水泥或普通硅酸盐水泥。

（2）试验样品：对比水泥和被检验粉煤灰按质量比 7 : 3 混合。

（3）标准砂：符合《中国 ISO 标准砂》（GSB 08-1337）规定。

（4）水：洁净的淡水。

### 3.5.3 仪器设备

（1）行星式胶砂搅拌机。

（2）胶砂试模。

（3）胶砂振实台。

（4）抗折试验机。

（5）抗压试验机。

（6）天平、套膜、两个拨料器、刮平直尺、标准养护箱等。

仪器设备要求同任务 2.7 水泥胶砂试体成型。

### 3.5.4 胶砂配比

试验胶砂配比按照表 3.5.3 进行。

表 3.5.3　　　　　　　　　粉煤灰强度活性指数试验胶砂配比　　　　　　　单位：g

| 胶砂种类 | 对比水泥 | 试验样品 | | 标准砂 | 水 |
| --- | --- | --- | --- | --- | --- |
| | | 对比水泥 | 粉煤灰 | | |
| 对比胶砂 | 450 | — | — | 1350 | 225 |
| 试验胶砂 | — | 315 | 135 | 1350 | 225 |

### 3.5.5 试验条件

（1）试体成型试验室的温度应保持在（20±2）℃，相对湿度应不低于 50%。

（2）试体带模养护的养护箱或雾室温度保持在（20±1）℃，相对湿度不低于 90%。

（3）试体养护箱水温度在（20±1）℃范围内。试验室空气温度和相对湿度及养护池水温在工作期间每天记录 1 次；养护箱或雾室的温度与相对湿度至少每 4h 记录 1 次，在自动控制的情况下记录次数可以酌减至 1 天记录 2 次。

### 3.5.6 试件制作与养护

对比胶砂试体和试验胶砂试体成型按照表 3.5.3 中材料配比。

制作过程与养护参照任务 2.7 水泥胶砂试体成型

### 3.5.7 粉煤灰胶砂强度试验

（1）折断试体。试件养护 28d 后取出，用湿布覆盖。将试件分别放置于抗折试验机夹具上将试体折断。

（2）夹持试体断块。将抗折试验后的 6 个断块，立即进行抗压强度试验。抗压试验须用抗压夹具，使试件受压面积为 40mm×40mm。试验前，应将试件受压面与抗压夹具清理干净，试件的底面应紧靠夹具上的定位梢，断块露出上压板外的部分应不少于 10mm。

（3）加荷。在整个加荷过程中，夹具应位于压力机承压板中心，以（2400±200）N/s 的速率均匀地加荷直至破坏，记录破坏荷载 $P$（kN）。

（4）断块抗压强度数据处理。

1）按下式计算每块试件的抗压强度 $f_c$，计算结果精确至 0.1MPa。

$$f_c = P/A = 0.625P \tag{3.5.1}$$

式中　$P$——破坏荷载，kN；

　　　$A$——受压面积，40mm×40mm。

2）每组试件的抗压强度，以三条棱柱上得到的 6 个抗压强度测定值的算数平均值作为试验结果。如 6 个测定值中仅有 1 个超出平均值的 ±10% 时，应剔除这个数据，再以其余 5 个测定值的平均数作为试验结果；如果 5 个测定值中再有超出其平均值 ±10% 的，则该组结果作废。

### 3.5.8　填写试验表格

根据试验结果，填写试验记录表，见表 3.5.4。

表 3.5.4　　　　　　　　　　　试　验　记　录　表

| 样品编号 | | | 试验日期 | | | | 年　　月　　日 | |
|---|---|---|---|---|---|---|---|---|
| 样品名称 | | | 环境条件 | | 温度：　　℃ | | 湿度：　　% | |
| 样品描述 | | | 检测依据 | | | | | |
| 主要仪器设备 | 试验设备名称 | | 型号规格 | | 编号 | | | |
| | | | | | | | | |
| | | | | | | | | |
| | | | | | | | | |
| | | | | | | | | |
| 胶砂配比 | | | | | | | | |
| 试样名称 | 水泥/g | 粉煤灰/g | | 标准砂/g | | 水/mL | | |
| 对比胶砂 | | | | | | | | |
| 试验胶砂 | | | | | | | | |

胶砂抗压强度试验

| 制件日期 | | | | 试验日期 | | | | |
|---|---|---|---|---|---|---|---|---|
| 龄期/d | | | | 受压面积/mm² | | | | |
| 试件种类 | 抗压荷载/kN | | | 抗压强度/MPa | | | 强度/MPa | |
| 对比胶砂 | 1 | 2 | 3 | 1 | 2 | 3 | $R_0=$ | |
| 试验胶砂 | 1 | 2 | 3 | 1 | 2 | 3 | $R=$ | |
| 强度活性指数 $H_{28}=(R/R_0)×100\%=$ | | | | 标准值 | ≥70.0 | 单项判定 | | |
| 说明： | | | | | | | | |

复核：　　　　　　　　　　记录：　　　　　　　　　　试验：

### 3.5.9 试验数据处理

粉煤灰强度活性指数按下式进行计算，结果保留至 1%。

$$H_{28}=\frac{R}{R_0}\times100\%$$ (3.5.2)

式中 $H_{28}$——粉煤灰强度活性指数，%；

$R$——试验胶砂 28d 的抗压强度，MPa；

$R_0$——对比胶砂 28d 的抗压强度，MPa。

### 3.5.10 合格性评定

根据国家标准《用于水泥和混凝土中的粉煤灰》（GB/T 1596—2017）评定是否合格。

规定：粉煤灰强度活性指数 F 类和 C 类：$H_{28}\geqslant70\%$为合格。

评定结论填入表 3.5.4 粉煤灰强度活性指数试验记录表。

注意：

（1）试验前必须检查所有仪器设备，确保设备功能使用正常。

（2）电子天平必须正确放在水平、竖固、稳定、无振动的工作台面上；调节天平使水平仪内的水平泡位于圆环的中央。

（3）试验前还要认真检查被测样品，不得受潮、结块或混有其他杂质。

（4）试验结束后应关闭电源，清洁仪器。

【学生自评】

小组自评表见表 3.5.5，小组成员自评表见表 3.5.6。

表 3.5.5 小 组 自 评 表

| 教学阶段 | 操 作 流 程 | 自评核查结果 | 成绩 |
|---|---|---|---|
| 试验准备 | 1. 准确称量各材料（5分） | | |
| | 2. 检查仪器能否正常运行（5分） | | |
| | 3. 制作试件（15分） | | |
| | 4. 脱模（5分） | | |
| | 5. 试件养护（5分） | | |
| 反思纠错 | （准备工作有无错、漏，纠正） | | |
| 试验过程 | 6. 抗折试验（15分） | | |
| | 7. 抗压试验（15分） | | |
| 反思纠错 | （试验操作工作有无错、漏，纠正） | | |
| 数据处理 | 8. 试验结果计算（15分） | | |
| | 9. 合格性判定（5分） | | |
| 反思纠错 | （数据处理工作有无错、漏，纠正） | | |
| 劳动素养 | 10. 关机，完善仪器设备运行记录仪器设备整理（10分） | | |
| | 11. 操作台清理（5分） | | |

表 3.5.6 小组成员自评表

| 检测任务 | 粉煤灰强度活性指数性能检测 | | 本人 | 小组其他成员 | | |
|---|---|---|---|---|---|---|
| 评价项目 | 评 价 标 准 | 分值 | | 1 | 2 | 3 |
| 时间观念 | 本次检测是否存在迟到早退现象 | 20 | | | | |
| 学习态度 | 积极参与检测任务的准备与实施 | 20 | | | | |
| 专业能力 | 检测准备和实施过程中细心、专业技能和动手能力 | 20 | | | | |
| 沟通协作 | 沟通、倾听、团队协作能力 | 20 | | | | |
| 劳动素养 | 爱护仪器设备、保持环境卫生 | 20 | | | | |
| 小计 | | 100 | | | | |

**【小组成果展示】**

小组派代表介绍从试验准备到结束的全过程，小组中任务的分配、成员合作、检测过程的规范性等，其他小组依据小组成果展示对其进行评价。小组互评表见表3.5.7，教师综合评价表见表3.5.8。

表 3.5.7 小组互评表

| 检 测 任 务 | 粉煤灰强度活性指数性能检测 | |
|---|---|---|
| 评价项目 | 分 值 | 得 分 |
| 课前准备情况 | 20 | |
| 成果汇报 | 20 | |
| 团队合作 | 20 | |
| 工作效率 | 10 | |
| 工作规范 | 10 | |
| 劳动素养 | 20 | |
| 小计 | 100 | |

表 3.5.8 教师综合评价表

| 检测任务 | 粉煤灰强度活性指数检测 | | |
|---|---|---|---|
| 评价项目 | 评 价 标 准 | 分值 | 得分 |
| 考勤 | 无迟到、早退、旷课现象 | 20 | |
| 课前 | 课前任务完成情况 | 10 | |
| 课中 | 态度认真、积极主动 | 10 | |
| | 具有安全意识、规范意识 | 10 | |
| | 检测过程规范、无误 | 10 | |
| | 团队协作、沟通 | 10 | |
| | 职业精神 | 10 | |
| | 检测项目完整，操作规范，数据处理方法正确 | 10 | |
| | 作业完成情况 | 10 | |
| 小计 | | 100 | |

**【职业能力训练】**

1. 单项选择题

（1）已知粉煤灰强度活性指数试验中，试验胶砂破坏荷载 26.1kN、26.2kN、26.1kN、26.4kN、26.0kN、20.8kN，对比胶砂破坏荷载 30.0kN、31.0kN、31.4kN、29.8kN、29.8kN、30.4kN，该粉煤灰的强度活性指数为（    ）。

A. 86%          B. 88.0%          C. 88.8%          D. 86.5%

（2）粉煤灰强度活性指数（    ）可认定其符合要求。

A. ≥75          B. ≥80          C. ≥90          D. ≥70

（3）在粉煤灰强度活性指数试验中，试验胶砂中水泥与粉煤灰的质量比为（    ）。

A. 5:5          B. 4:6          C. 7:3          D. 3:7

2. 判断题

（1）粉煤灰活性指数试验中，对比胶砂配比水泥 250g，标准砂 750g，水 125ml。（    ）

（2）粉煤灰强度活性指数应不小于 70%。（    ）

（3）试件脱模以后放入（20±1）℃的水中养护。（    ）

（4）抗压强度测定值中如有超出平均值的 ±15% 时，应剔除这个数据，再以其余五个测定值的平均数作为试验结果。（    ）

3. 简答题

（1）在进行结果计算过程中，如果发现某个数值偏差较大，应怎么处理？

_____

_____

_____

_____

（2）试验过程中为什么必须用 ISO 标准砂？

_____

_____

_____

_____

# 参 考 文 献

［1］ GB 175—2023 通用硅酸盐水泥［S］

［2］ GB/T 208—2014 水泥密度测定方法［S］

［3］ GB/T 1345—2005 水泥细度检验方法 筛析法［S］

［4］ GB/T 1346—2024 水泥标准稠度用水量、凝结时间、安定性检验方法［S］

［5］ GB/T 1596—2017 用于水泥和混凝土中的粉煤灰［S］

［6］ GB/T 176—2017 水泥化学分析方法［S］

［7］ GB/T 17671—2021 水泥胶砂强度检验方法（ISO 法）［S］

［8］ GB/T 2419—2005 水泥胶砂流动度测定方法［S］

［9］ GB/T 8074—2008 水泥比表面积测定方法 勃氏法［S］

［10］ JC/T 956—2014 勃氏透气仪［S］

［11］ GB/T 12573—2008 水泥取样方法［S］

［12］ JJF（建材）106—2019 水泥标准筛校准规范［S］

［13］ DL/T 5055—2007 水工混凝土掺用粉煤灰技术规范［S］

［14］ 赵北龙 . 建筑工程检测技术［M］. 北京：中国建材工业出版社，2014.

［15］ 侯琴 . 建筑材料与检测［M］. 重庆：重庆大学出版社，2016.

［16］ 刘晓敏 . 建筑材料与检测［M］. 重庆：重庆大学出版社，2015.

［17］ 江西省计量协会组 . 建筑工程检测实验室实用技术［M］. 北京：中国计量出版社，2007.

［18］ 张大同 . 水泥性能及其检验［M］. 北京：中国建材工业出版社，1994.

［19］ 中国建材检验认证集团股份有限公司，国家水泥质量监督检验中心 . 水泥物理性能检验技术［M］. 北京：中国建材工业出版社，2017.

［20］ 丁百湛 . 建筑工程检测技术必备知识［M］. 北京：中国建材工业出版社，2020.

［21］ 中国建材检验认证集团股份有限公司，国家水泥质量监督检验中心 . 水泥化学分析检验技术［M］. 北京：中国建材工业出版社，2018.

［22］ 中国建筑材料科学研究总院水泥科学与新型建筑材料研究所 . 水泥化学分析手册［M］. 北京：中国建材工业出版社，2007.

［23］ 苑芳友 . 建筑材料与检测技术［M］. 3 版 . 北京：北京理工大学出版社，2020.

［24］ 杨丛慧，张艳平，孙建军 . 建筑材料检测技术［M］. 北京：阳光出版社，2018.